名校名师精品系列教材

Data Structure in C

数据结构

C语言版

微课版 | 第 2 版

李刚 赵建超 ◉ 主编
迟荣华 程乐 ◉ 副主编

人民邮电出版社
北京

U0262295

图书在版编目（CIP）数据

数据结构：C语言版：微课版 / 李刚，赵建超主编
. -- 2版. -- 北京：人民邮电出版社，2022.1（2024.7重印）
名校名师精品系列教材
ISBN 978-7-115-57891-4

Ⅰ．①数… Ⅱ．①李… ②赵… Ⅲ．①数据结构—高
等学校—教材②C语言—程序设计—高等学校—教材 Ⅳ．
①TP311.12②TP312.8

中国版本图书馆CIP数据核字(2021)第229120号

内 容 提 要

本书详细充分地介绍了各类数据结构的定义和操作原理，内容由浅入深、循序渐进，主要采用实例化的编写方法；对算法设计逐步讲解，并配以进阶案例与实践项目进行巩固，注重培养读者的数据结构程序设计能力和应用能力。

全书共 11 章，主要包括绪论及 C 语言介绍、线性表的结构分析与应用、栈和队列的结构分析与应用、串的结构分析与应用、二维数组及广义表的结构分析与应用、树和二叉树的结构分析与应用、图的结构分析与应用、查找的分析与应用、排序的分析与应用、文件、数据结构综合应用。

本书可作为高等教育应用型本科院校和高职高专学校计算机专业的教材，也可作为各类计算机培训机构的教材。

◆ 主　编　李　刚　赵建超
　　副主编　迟荣华　程　乐
　　责任编辑　刘　佳
　　责任印制　王　郁　彭志环

◆ 人民邮电出版社出版发行　　北京市丰台区成寿寺路 11 号
　　邮编　100164　电子邮件　315@ptpress.com.cn
　　网址　https://www.ptpress.com.cn
　　三河市兴达印务有限公司印刷

◆ 开本：787×1092　1/16
　　印张：14.25　　　　　　　　2022 年 1 月第 2 版
　　字数：310 千字　　　　　　2024 年 7 月河北第 6 次印刷

定价：49.80 元

读者服务热线：(010)81055256　印装质量热线：(010)81055316
反盗版热线：(010)81055315
广告经营许可证：京东市监广登字 20170147 号

前 言 FOREWORD

本书于 2013 年 9 月出版后，结合软件产业升级和技术发展动态，吸收最新的数据结构课程教学改革成果，不断优化、更新教材内容。本次修订加印，为加快推进党的二十大精神进教材、进课堂、进头脑，在各章的知识储备模块部分，增加了社会主义核心价值观的内涵、圆周率的由来等拓展阅读内容，突出展示了社会主义核心价值体系的内核和中国优秀的传统文化，牢固树立中国特色社会主义道路自信、理论自信、制度自信、文化自信，进一步增强学习贯彻的自觉性和坚定性，在各章的实例设计与实现模块部分，增加了两弹元勋邓稼先的劳模精神、高校实验实训安全、工匠精神与大国工匠精神的不同、团队合作精神的培养等拓展阅读内容，重点强调劳模精神、创新意识、安全意识、协作意识、精益求精的质量意识，进一步弘扬团结奋斗、守正创新精神。

这次修订的主要内容如下。

- 对教材第 1 版存在的一些问题加以修正，更新书中部分章节的项目案例及实验数据。

- 将教材第 1 版的理论知识讲解到实践应用结构，修改为项目案例介绍到理论知识讲解，再到项目实现的结构。这一修改更符合读者的认知规律。

- 在书中嵌入微课视频二维码，读者可以打开手机，通过扫描二维码的方式进行学习，随时扫描随时学习，方便快捷。

- 为满足较为优秀的读者的学习需求，书中提供了知识进阶案例，以达到分层、分类培养的目的。

- 为实现线上线下混合教学，本书提供了数据结构精品在线开放课程，包括学习指南、微课视频、PPT 课件、动画、测验、讨论等。

修改后，本书更符合职业能力培养、教学职场化、教材实践化的特点，更适合高等教育应用型本科院校和高职高专学校使用。

本书以"学生为中心"的理念为指导思想，内容精炼、通俗易懂，既便于教学，又适合自学。本书采用实例描述、知识储备、实例分析与实现、进阶案例的结构。第一步，通过实例项目介绍引入问题，使读者掌握项目的知识需求；第二步，采用生活化的实例讲解基础知识，清晰阐述实例项目所涉及的数据结构和基本操作步骤，并用 C 语言实现程序设计；第三步，通过实例项目解析及具体实现提高读者相关模块的结构分析能力，再通过进阶案例部分提高读者的知识应用能力；第四步，通过综合应用给读者提供思考和扩展的空间，达到学以致用的教学目的。

全书由李刚、赵建超任主编，迟荣华、程乐任副主编。本书编写分工如下：李刚编写第 3 章、第 6 章、第 7 章、第 11 章，赵建超编写第 1 章、第 2 章、第 8 章，程乐编写第 4 章、第 9 章，迟荣华编写第 5 章、第 10 章，全书由李刚统稿。本书在编写过程中还得到了徐义晗和郜继红的帮助和支持，在此表示衷心感谢。

本书提供了微课视频、PPT 课件、动画、源程序、习题答案、案例文档、多媒体教学系统、在线开放课程平台等教学资源，读者可登录人邮教育社区（www.ryjiaoyu.com）下载使用。

由于编者水平有限，书中难免存在疏漏和不足之处，请广大读者批评指正。

编　者

2023 年 5 月

目 录 CONTENTS

第 ① 章 绪论及 C 语言介绍

学习目标

■ 了解数据、数据元素、数据项等基本概念。

■ 掌握数据结构的概念及其包含的内容。

■ 了解学习数据结构的意义。

■ 掌握算法的定义、特征及分析方法。

■ 巩固和深入掌握与数据结构课程相关的 C 语言知识。

实例描述——教学质量评价系统登录模块设计

大部分应用软件需要注册和登录才能使用，高校的教学质量评价系统也不例外。我们可以用 C 语言实现教学质量评价系统登录模块设计，要求先对多名教师的信息进行初始化，教师信息包括账号、密码和权限 3 个部分。然后输入当前教师的账号、密码和权限进行验证，如果账号和密码均正确，则继续判断权限类别，权限分为"教学督导"和"普通教师"两类。如果账号和密码经 N 次循环验证都是错误的，则显示"账号或者密码错误，登录失败！"。教学质量评价系统流程图如图 1-1 所示。该实例涉及数据元素的定义、数据结构研究的内容，以及 C 语言程序设计等相关知识。

图 1-1　教学质量评价系统流程图

知识储备

从 1946 年美国宾夕法尼亚大学埃克特等人研制出第一台电子通用计算机 ENIAC 开始，计算机的应用就逐渐深入各个领域。如今，人类也已跨入信息化时代。与飞速发展的计算机硬件相比，计算机软件的发展相对缓慢。因为软件的核心是算法，所以对算法的深入研究必将促进计算机软件的发展。算法实际上是加工数据的过程，因此，研究数据结构对设计高性能算法及高性能软件有至关重要的作用。同时，软件又应用于各个领域，所以说数据结构是连接各个领域的桥梁。

微课 1-1：数据
结构的基本概念
与术语

1.1 基本概念与术语

为了深入学习和研究数据结构这门课程，我们先来了解一下与数据结构相关的基本概念和术语。

1. 数据

数据是指能够被计算机识别、存储和加工处理的信息载体，如计算机可以处理的图像、声音等。数据的实例演示如图 1-2 所示。

动画 1-1：数据
的实例演示

音乐 　　　　　　　　 电影 　　　　　　　　 Word 文档

图 1-2　数据的实例演示

数据元素是数据的基本单位。在某些情况下，数据元素也称为元素、节点、顶点、记录。数据元素要准确描述一个对象。数据元素有时可以由若干数据项组成，数据项是指具有独立含义的最小标识单位。数据元素的实例演示如图 1-3 所示，熊猫的数据元素（记录）由若干数据项（名称、编号、类型、体重、特点）组成。

拓展阅读 1：
圆周率的由来

图 1-3　数据元素的实例演示

2．数据结构

数据结构指的是数据之间的相互关系，即数据的组织形式。为了增强读者对数据结构的认识，下面举例说明数据结构的相关概念。

【例 1.1】学生成绩表如表 1-1 所示。

表 1-1 学生成绩表

学号	姓名	C 语言	英语	数据库
31103001	朱红群	95	88	87
31103002	张荠文	92	90	84
31103003	凌星星	87	89	88
31103004	夏梦凡	90	93	96

我们把表 1-1 称为一个数据结构，表中的每一行是一个数据元素（或称记录、节点），它由学号、姓名及各科成绩等数据项构成。

直接前趋：对于表中任意一个节点，与它相邻且在它前面的节点称为该节点的直接前趋；例如，第一个节点是第二个节点的直接前趋。

直接后继：对于表中任意一个节点，与它相邻且在它后面的节点称为该节点的直接后继；例如，第二个节点是第一个节点的直接后继。

注意：首节点没有直接前趋，尾节点没有直接后继。

（1）数据结构包含的内容

数据结构主要包含逻辑结构、存储结构、数据之间的运算 3 方面的内容，如图 1-4 所示。

图 1-4 数据结构包含的内容

- 数据元素之间的逻辑关系称为数据的逻辑结构。数据的逻辑结构是从逻辑关系来描述数据的，与数据的存储结构无关，是独立于计算机的。数据的逻辑结构可以看作从具体问题抽象出来的数学模型。
- 数据元素及其关系在计算机存储器内的表示称为数据的存储结构。
- 数据的运算即对数据施加的操作。数据的运算定义在数据的逻辑结构上，每种逻辑结构都有一个运算的集合。常用的检索、插入、删除、更新、排序等运算实际上只是在抽象的数据上执行的一系列抽象的操作。

（2）数据的逻辑结构分类

数据的逻辑结构分为线性结构和非线性结构两种。

- 线性结构。线性结构是指若结构是非空集，则其有且仅有一个开始节点和一个终端节点，并且所有节点都最多只有一个直接前趋和一个直接后继。线性表、栈、队列、字符串等都是线性结构。

- 非线性结构。在非线性结构中，一个节点可能有多个直接前趋和直接后继。树和图等都是非线性结构。

（3）数据的 4 种基本存储方法

数据的基本存储方法包括顺序存储方法、链式存储方法、索引存储方法和散列存储方法 4 种。下面具体介绍这 4 种方法。

- 顺序存储方法。该方法把逻辑上相邻的节点存储在物理位置上相邻的存储单元里，节点间的逻辑关系由存储单元的邻接关系来体现。由顺序存储方法得到的存储表示称为顺序存储结构，该结构通常借助程序语言的数组描述。该方法主要应用于线性的数据结构，非线性的数据结构也可通过某种线性化的方法实现顺序存储。

- 链式存储方法。该方法不要求逻辑上相邻的节点在物理位置上也相邻，节点间的逻辑关系由附加的指针字段表示。由链式存储方法得到的存储表示称为链式存储结构，该结构通常借助程序语言的指针描述。

- 索引存储方法。该方法通常在存储节点信息的同时建立附加的索引表，索引表由若干索引项组成。若每个节点在索引表中都有一个索引项，则将该索引表称为稠密索引。若一组节点在索引表中只对应一个索引项，则将该索引表称为稀疏索引。索引项的一般形式为关键字和地址。关键字是能唯一标识节点的一个或者多个数据项。稠密索引中索引项的地址指示节点所在的存储位置，稀疏索引中索引项的地址指示一组节点的起始存储位置。

- 散列存储方法。根据节点关键字直接计算出该节点的存储地址。

这 4 种存储方法可单独使用，也可组合起来对数据结构进行存储映像。同一逻辑结构采用不同的存储方法，可以得到不同的存储结构。

（4）数据结构 3 方面内容之间的关系

数据的逻辑结构、存储结构，以及数据之间的运算这 3 方面内容是一个整体。

1.2 学习数据结构的意义

微课 1-2：学习数据结构的意义

数据结构是软件技术、网络技术和计算机应用技术等计算机学科各专业的一门重要的专业基础课程，数据结构是软件开发的基础、提高学生逻辑思维能力的核心、各工程领域的桥梁。瑞士著名的计算机科学家尼古拉斯·沃斯（Niklaus Wirth）教授曾提出：算法+数据结构=程序。这里的数据结构是指数据的逻辑结构和存储结构，而算法是对数据运算的描述。由此可见，程序设计的实质是就实际问题选择一种好的数据结构，并设计一个好的算法。而算法的优劣在很大程度上取决于描述实际问题的数据结构的优劣。请看下面的两个例子。

【例 1.2】电话号码查询问题。

假设要编写一个程序，以查询某人的电话号码。如果含有 100 万人的电话登记表中有要查询的人的电话号码，则要求迅速找到其电话号码；否则指出没有这个人的电话号码。是否能写出好的查找算法，取决于这个电话登记表的结构及存储方式。分别采用表 1-2 所示的顺序存储结构和表 1-3 所示的索引存储结构进行查找，第一种结构是从头开始依次查对姓名；第二种结构是先通过索引表找到姓氏的地址，再依次查对姓名。可以看出，第二种结构的查找效率要高很多。

表 1-2 顺序存储结构

姓名	电话号码
王一	83808231
王二	83808232
⋮	⋮
张一	83811231
张二	83811111
⋮	⋮
张百	83822222

表 1-3 索引存储结构

【例 1.3】教学计划编排问题。

完整的大学课程教学计划包含多门课程，在计算机软件专业的课程中，有些课程必须按规定的先后次序进行教学，有些课程则没有次序要求，如表 1-4 所示。该表中各门课程之间的次序关系可用一种称为图的数据结构来表示，如图 1-5 所示，从中可以很容易看出课程的先后次序。

表 1-4　计算机软件专业的课程设置表

课程编号	课程名称	先修课程
C1	信息基础	无
C2	数据结构	C1、C4
C3	网页制作	C1
C4	C 语言程序设计	C1
C5	ASP.NET	C2、C3、C4
C6	JavaScript	C3
C7	数据库	C2、C9
C8	Java	C4
C9	软件工程	C2

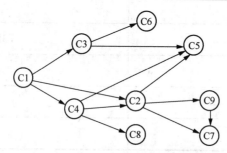

图 1-5　课程教学计划的拓扑结构图

由以上两个例子可见，描述这类非数值计算问题的数学模型不再是数学方程，而是诸如表、图之类的数据结构。因此，可以说数据结构课程主要研究非数值计算的程序设计中数据之间的逻辑关系和对数据的操作，以及如何将具有一定逻辑关系的数据存储到计算机内。数据结构课程可以通过算法训练来提高学生的逻辑思维能力，通过程序设计等技能训练来促进学生综合应用能力和专业素质的提高。

1.3　算法的描述和分析

1. 算法的定义

在现实生活中解决具体问题时，一般都要制订解决问题的步骤和方法，并以此为据去实现目标。为了解决问题所制订的步骤、方法称为算法（Algorithm）。

微课 1-3：算法的定义及特征

2．算法的特征

（1）有穷性

算法中所包含的步骤必须是有限的，不能无穷无尽，且应该在一个能接受的合理时间段内产生结果。

（2）确定性

算法中的每一步所要实现的目标必须是明确无误的，不能有二义性。

（3）有效性

算法中的某一步如果被执行了，就必须被有效地执行。例如，有一步是计算 X 除以 Y 的结果，如果 Y 为非 0 值，则这一步可有效执行；但如果 Y 为 0 值，则这一步就无法得到有效执行。

（4）有零或多个输入

根据算法的不同，有些算法在实现过程中需要输入一些原始数据，而有些算法可能不需要输入原始数据。

（5）有一个或多个输出

设计算法的最终目的是解决问题，因此，每个算法至少应有一个输出结果来反映问题的最终结果。

3．算法的描述

算法可以用自然语言、计算机程序语言或其他语言来描述，唯一的要求是必须精确地描述计算过程。描述算法最合适的语言是伪语言，伪语言用介于自然语言和计算机语言之间的文字与符号（包括数学符号）来描述算法。

4．算法分析

算法分析包括评价算法的好坏和评价算法的效率。

（1）评价算法好坏的标准

首先算法应是"正确"的。然后主要考虑以下 3 点：①执行算法所耗费的时间；②执行算法所耗费的存储空间，主要考虑辅助存储空间；③算法应易于理解、易于编程、易于调试等。

（2）评价算法效率的标准

评价算法效率的标准包括时间复杂度和空间复杂度。一般情况下，算法的时间效率和空间效率是相互矛盾的。有时算法的时间效率高是以使用了很多的存储空间为代价的；有时又因要减少存储空间而将数据压缩存储，从而降低了算法的时间效率。空间复杂度的求解方法类似于时间复杂度，在此仅介绍时间复杂度的求解方法。

微课 1-4：时间复杂度的求解方法

5．时间复杂度的求解方法

一段程序执行的时间是无法准确计算的，所以通常采用程序执行的次数（用 $T(n)$ 表示）来估算。使用大写字母 O 表示算法的时间复杂度，O 称为算法的渐进时间复杂度。下面举例说明求解时间复杂度的几种情况。

（1）时间复杂度为 $O(1)$ 的情况

```
int i=3;              //执行 1 次
while(i<=99)          //执行 34 次
    i=i+3;            //执行 33 次
```

程序共执行 68 次，只要执行的次数是常数，那么 $T(n)=O(1)$。

（2）时间复杂度为 $O(n)$ 的情况

```
int i,s=0;            //执行 1 次
for(i=0;i<n;i++)      //执行 n+1 次
    s=s+1;            //执行 n 次
printf("%d",s);       //执行 1 次
```

程序共执行 $2n+3$ 次，只取最高级别的项，并去掉该项的系数，那么 $T(n)=O(n)$。

（3）时间复杂度为 $O(n^2)$ 的情况

```
int i,j,s=0;                  //执行 1 次
for(i=0;i<n;i++)              //执行 n+1 次
    for(j=0;j<n;j++)          //执行 n(n+1)次
        s=s+1;                //执行 n² 次
```

程序共执行 $2n^2+2n+2$ 次，只取最高级别的项，并去掉该项的系数，那么 $T(n)=O(n^2)$。

（4）常见时间复杂度按照数量级别递增排列，依次为：常数阶 $O(1)$、对数阶 $O(\log_2 n)$、线性阶 $O(n)$、线性对数阶 $O(n\log_2 n)$、平方阶 $O(n^2)$、立方阶 $O(n^3)$、k 次方阶 $O(n^k)$、指数阶 $O(2^n)$ 等。

掌握了数据结构的基本概念、算法分析等知识后，还要掌握 C 语言的基础知识，这样才能够解决本章引入的实例问题。

1.4　C 语言相关知识介绍

为了更好地学习数据结构，本书主要采用 C 语言进行程序设计，所以读者还需要掌握 C 语言程序设计的 3 种结构、指针、结构体等知识。

微课 1-5：简单
语句分析

拓展阅读 2：
编程输出社会
主义核心价值观

1. 程序设计的 3 种结构

（1）顺序结构

按语句在源程序中出现的次序依次执行的结构称为顺序结构。

【例 1.4】输入两个整数，将它们进行交换后输出（数据交换流程图见图 1-6，其中数字代表执行次序）。

```
#include "stdio.h"
```

```
main()
{ int a,b,t;
  scanf("%d,%d",&a,&b);
  t=a;
  a=b;
  b=t;
  printf("a=%d,b=%d",a,b);
}
```

（2）选择结构

根据一定的条件有选择地执行或不执行某些语句的结构称为选择结构。

if 语句也称为条件语句，它根据一个条件的真或假有选择地执行或不执行某些语句。if 语句有以下两种格式。

微课 1-6：
双分支选择结构

① if 格式如下（流程图见图 1-7）。

```
if（表达式）语句;
```

② if-else 格式如下（流程图见图 1-8）。

```
if（表达式）语句1;
else 语句2;
```

动画 1-2：两个
数据的交换

图 1-6　数据交换流程图　　图 1-7　if 格式流程图　　图 1-8　if-else 格式流程图

【例 1.5】求一元二次方程 $ax^2+bx+c=0$ 的根。

```
#include "stdio.h"
#include "math.h"
main()
{  double a,b,c,t,x1,x2;
   scanf("%f,%f,%f",&a,&b,&c);
   t=b*b-4*a*c;
   if(t>=0)
   { x1=(-b+sqrt(t))/(2*a);
     x2=(-b-sqrt(t))/(2*a);
     printf("%f,%f",x1,x2);
   }
   else
     printf("无根");
```

微课 1-7：简单
循环结构

}

（3）循环结构

在一定条件下重复执行相同语句的结构称为循环结构。

① while 语句（流程图见图 1-9）的一般格式如下。

```
while（表达式）
    语句；
```

【例 1.6】求 3+6+9+…+99 的和。

```
#include "stdio.h"
main()
{ int i,sum=0;
  i=3;
  while(i<=99)
  {
     sum=sum+i;
     i=i+3;
  }
  printf("sum=%d",sum);
}
```

② for 语句（流程图见图 1-10）的一般格式如下。

```
for(表达式1；表达式2；表达式3)
    语句；
```

图 1-9 while 语句流程图

图 1-10 for 语句流程图

【例 1.7】求 3+6+9+…+99 的和。

```
#include "stdio.h"
main()
{ int i,sum=0;
  for(i=3;i<=99;i=i+3)
     sum=sum+i;
  printf("sum=%d",sum);
}
```

2. 指针

程序中的任何变量都会占据一定数目的存储单元，所需存储单元的数目由变量的类型决定。变量所占据的存储单元的首地址就是变量的地址，变量的地址表示为：&变量名。地址就是指针，存放变量地址的变量就是指针变量。

微课 1-8：指针与指针变量

【例 1.8】指向简单变量的指针（见图 1-11）。

```
main()
{ int x;
  int *p;
  x=5;
  p=&x;
  printf("x=%d,*p=%d",x,*p);
}
```

程序的输出结果为：x=5,*p=5

【例 1.9】指向一维数组的指针（见图 1-12）。

```
main()
{  int a[5]={1,2,3,4,5};
  int *p;
  p=a;  //不需要加&
  printf("a[2]=%d,*(p+2)=%d",p[2],*(p+2));
}
```

程序的输出结果为：a[2]=3，*(p+2)=3

图 1-11 指向简单变量的指针

图 1-12 指向一维数组的指针

3. 结构体

简单来说，结构体就是一个可以包含不同数据类型的结构，它是一种用户可以自定义的数据类型。它和数组的区别主要有两点：首先，结构体可以在一个结构中声明不同的数据类型；其次，结构体变量间可以互相赋值。

微课 1-9：结构体类型与结构体变量

结构体的格式如下。

```
struct  [结构名]
 { 成员 1;
   成员 2;
   …
```

```
    成员 n;
};
```

【例 1.10】定义学生数据类型（见图 1-13），通过指针赋值后输出。

	name	sex	age	score
p→	andy	'F'	20	90

图 1-13　定义学生数据类型

```
#include "stdio.h"
typedef struct student
{
    char name[10];    //姓名
    char sex;         //性别
    int age;          //年龄
    float score;      //数据结构课程的成绩
}stu;
main()
{
    stu t;
    stu *p;
    p=&t;
    p->sex='F';
    p->age=20;
    printf("sex=%c,age=%d",t.sex,t.age);
}
```

程序的输出结果为：sex=F，age=20

有了数据结构的基本概念与术语、算法的定义、算法的特征、算法的描述与分析，以及 C 语言程序设计等相关知识的储备，接下来就可以完成实例的设计了。

实例分析与实现

1. 实例分析

实例中某位教师的所有信息可以称为一个数据元素，由账号、密码和权限 3 个数据项组成。首先，教师信息类型采用结构体类型，其中包括账号、密码和权限 3 个成员，并定义一个一维数组来存储多名教师的信息，也就是教师信息的初始化。然后，输入当前教师的账号、密码和权限，利用循环结构依次与初始化的教师信息进行比较。在比较过程中利用选择嵌套结构进行判断，如果账号和密码均正确，则继续判断权限是否等于 1；如果等于 1，则显示"教学督导"，否则显示"普通教师"，不再继续比较；如果账号和密码经验证后没有匹配项，则显示"账号或者密码错误，登录失败！"。

2. 项目代码

代码清单 1.1：

```
#include "stdio.h"
```

```c
#include "string.h"
//用户结构体定义
typedef struct
{
    long id;
    char pwd[6];
    int pms;
}user;
user users[50];  //定义数组，用来存储多名教师的信息
void init(int n) //输入教师信息
{
    user *p;
    int i;
    p=users;       //指针的应用
    printf("请管理员输入教师信息:\n");
    for(i=0;i<n;i++)
        scanf("%ld%s%d",&p[i].id,p[i].pwd,&p[i].pms);
}
main()
{
    long tid;
    char tpwd[6];
    int tpms;
    int i,n;
    printf("请输入教师数量: ");
    scanf("%d",&n);
    init(n);            //调用输入教师信息函数
    printf("请您输入账号、密码和权限:");
    scanf("%ld%s%d",&tid,tpwd,&tpms);
    for(i=0;i<n;i++)
    {
        if(tid==users[i].id && strcmp(tpwd,users[i].pwd)==0)//验证
        {
            if(tpms==1)
                printf("教学督导\n");
            else
                printf("普通教师\n");
            break;
        }
    }
    if(i==n)
        printf("账号或者密码错误,登录失败!\n");
}
```

3. 结果验证（见图 1-14）

图 1-14　结果验证

本章小结

　　本章首先描述了教学质量评价系统登录模块设计实例；然后介绍了数据、数据元素、数据项、数据结构的概念，数据结构所包含的内容，学习数据结构的意义，算法的定义、特征、分析方法，以及 C 语言程序设计的基础知识；最后进行了实例的分析、程序设计与结果验证。其中，数据结构所包含的内容和 C 语言程序设计的基础知识是重点内容，也是难点内容。

　　通过本章的学习，读者应该能理解数据、数据元素、数据项、数据结构等基本概念及算法的定义、特征、评价标准，掌握数据结构所包含的内容、C 语言程序设计的基础知识，并能够在后续章节中灵活运用本章知识。

同步训练

一、填空题

1. 数据结构主要包含＿＿＿＿＿＿＿＿、＿＿＿＿＿＿＿＿和＿＿＿＿＿＿＿＿3 方面的内容。

2. 数据的逻辑结构包括＿＿＿＿＿＿＿＿和＿＿＿＿＿＿＿＿两大类。

3. 数据的存储结构分为顺序存储结构、＿＿＿＿＿＿＿＿、索引存储结构和＿＿＿＿＿＿＿＿。

二、选择题

1. 以下关于数据逻辑结构的叙述正确的是（　　　　）。

　A. 数据的逻辑结构是数据间关系的描述

　B. 数据的逻辑结构反映了数据在计算机中的存储方式

　C. 数据的逻辑结构分为顺序结构和链式结构

　D. 数据的逻辑结构分为静态结构和动态结构

2. 以下与数据的存储结构无关的术语是（　　　　）。

　A. 顺序表　　　　　B. 链表　　　　　C. 散列表　　　　　D. 队列

3. 下列程序段的时间复杂度是（　　　　）。

```
for(i=1;i<=n;i++)
```

```
c[i]=i;
```

  A. $O(1)$ B. $O(n)$ C. $O(\log_2 n)$ D. $O(n\log_2 n)$

三、应用题

1. 求下列程序段的时间复杂度。

```
for(i=1;i<=n;i++)
{ k++;
  for(j=1;j<=n;j++)
      x=x+k;
}
```

2. 求下列程序段的时间复杂度。

```
int i=1;
while(i<=n)
 i=i*2;
```

四、算法设计题

1. 输入 3 个整数，要求将它们从小到大排序后输出。

2. 已知序列 1,2,3,5,8,…,n，求第 20 项的值。

3. 利用指针作为函数的形参，实现将 10 个整数从小到大排序并输出。

第2章 线性表的结构分析与应用

学习目标

- 了解线性表的有关概念及逻辑结构。
- 熟练掌握线性表的顺序存储结构及顺序表的基本操作实现。
- 熟练掌握线性表的链式存储结构——单链表及单链表上的基本操作实现。
- 理解循环链表的存储结构及简单操作实现。
- 理解并掌握顺序表和单链表各自的特点及适用场合。

实例描述——约瑟夫游戏方案设计

动画 2-1:
约瑟夫游戏

约瑟夫游戏是指 M 个人围成一圈,从第一个人开始依次从 1 循环报数,每当报数为 N 时此人从圈中出来,下一个人又从 1 开始报数,直到圈中只剩下一个人为止。请按退出次序输出出圈人员的序号,以及留在圈中的最后一个人原本的序号。约瑟夫游戏实例描述如图 2-1 所示。该实例涉及线性表的插入运算、删除运算等知识。

（a）报数到第 3 个人　　　（b）第 3 个人退出,报数到第 6 个人　　　（c）第 6 个人退出

图 2-1　约瑟夫游戏实例描述

知识储备

2.1 线性表的逻辑结构

1. 线性表的逻辑定义

线性表是由 n（$n \geq 0$）个数据元素（节点）$a_1, a_2, ..., a_n$ 组成的有限序列。线性表（非空的线性表）的逻辑结构特征如下。

① 仅有一个开始节点 a_1，没有直接前趋，仅有一个直接后继 a_2。

② 仅有一个终端节点 a_n，没有直接后继，仅有一个直接前趋 a_{n-1}。

③ 其余的内部节点 a_i 都有且仅有一个直接前趋和一个直接后继。

微课 2-1：
线性表的逻辑
结构

动画 2-2：
线性表的逻辑
结构

2. 常见线性表的基本运算

① InitList(L)：构造一个空的线性表 L，即表的初始化。

② ListLength(L)：求线性表 L 中节点的个数，即求表长。

③ GetNode(L，i)：取线性表 L 中的第 i 个节点，$1 \leq i \leq$ ListLength(L)。

④ LocateNode(L，x)：在线性表 L 中查找值为 x 的节点，并返回 x 在线性表 L 中的位置；若线性表 L 中没有节点的值为 x，则返回一个特殊值表示查找失败。

⑤ InsertList(L，x，i)：在线性表 L 的第 i 个位置上插入一个值为 x 的节点。

⑥ DeleteList(L，i)：删除线性表 L 中的第 i 个节点。

2.2 线性表的顺序存储结构

线性表的存储结构包括顺序存储结构和链式存储结构。下面主要介绍线性表的顺序存储结构。

2.2.1 顺序表的定义及地址计算

1. 顺序表的定义

用顺序存储方法存储的线性表即顺序表。所谓顺序存储方法，就是把线性表的节点按逻辑次序依次存放在一组地址连续的存储单元里的方法。其实例描述如图 2-2（a）和图 2-2（b）所示，同一个宿舍的 5 名学生坐在连续的 5 个座位上，这种结构就是顺序存储结构。

微课 2-2：
顺序表的定义

动画 2-3：学生
连续入座

（a）　　　　　（b）

图 2-2　顺序存储结构实例描述

微课 2-3：
顺序表的地址
计算

2. 地址的计算方法

设线性表中所有节点的类型相同，每个节点占用的存储空间也相同。假设每个节点占用 c 个存储单元，其中第一个存储单元的地址则是该节点的存储地址，并设开始节点 a_1 的存储地址是 $LOC(a_1)$，那么节点 a_i 的存储地址 $LOC(a_i)$ 可通过下式计算：

$$LOC(a_i)= LOC(a_1)+(i-1)\times c \qquad （1 \leqslant i \leqslant n）$$

例如，已知 $LOC(a_1)$ 的存储地址为 100，每个节点占用 4 个存储单元，那么 $LOC(a_4)$ 的存储地址为 112，具体描述如图 2-3 所示。

存储地址：	100	104	108	112	116
	a_1	a_2	a_3	a_4	a_5

图 2-3 顺序表存储地址的描述

3. 顺序表类型定义

```
typedef struct
{
    int data[ListSize];        //数组 data 用于存放表节点，ListSize 表示数组大小
    int length;                //当前的表长度
}SeqList;                      //结构体类型
```

2.2.2 顺序表的基本运算

在顺序表中，对线性表求表长、查找节点、取表中节点的运算很容易实现，所以在此主要讨论插入和删除两种运算。

微课 2-4： 动画 2-4：学生
顺序表的插入 入座中间位置
运算

1. 插入运算

顺序表的插入运算是指在表的第 i（$1 \leqslant i \leqslant n+1$）个位置插入一个新节点 x，使长度为 n 的顺序表变成长度为 $n+1$ 的顺序表。学生入座中间位置实例描述如图 2-4（a）和图 2-4（b）所示，如果某位学生要坐在第 3 个座位，那么第 4 个位置上的学生要先让座，然后第 3 个位置上的学生让座，最后该学生坐下。

（a）

（b）

图 2-4 学生入座中间位置实例描述

顺序表插入操作过程为:将表中在位置 n 上的节点依次后移到位置 $n+1$ 上,直至空出第 i 个位置,然后在该位置上插入新节点 x。仅当插入位置 $i=n+1$ 时,才无须移动节点,直接将新节点 x 插入顺序表的末尾。

具体算法描述如下:

```
void InsertList(SeqList *L, DataType x, int i)
{ //将新节点 x插入 L 所指的顺序表的第 i 个节点 a_i 的位置上
  int j;
  if(i<1||i>L->length+1)
    Error("position error");      //非法位置,退出运行
  if(L->length>=ListSize)
    Error("overflow");            //表空间溢出,退出运行
  for(j=L->length-1;j>=i-1;j--)
    L->data[j+1]=L->data[j];      //节点后移
  L->data[i-1]=x;                 //插入新节点 x
  L->length++;                    //表长加 1
}
```

动画 2-5:顺序表的插入运算

假设顺序表的初始状态如下(其中 x 的值为 11, i 的值为 2):

data[0]	data[1]	data[2]	data[3]	data[4]
10	12	13	14	

执行下面的代码:

```
for(j=L->length-1;j>=i-1;j--)
  L->data[j+1]=L->data[j];
```

此时顺序表的状态如下:

data[0]	data[1]	data[2]	data[3]	data[4]
10		12	13	14

执行下面的代码:

```
L->data[i-1]=x;
```

此时顺序表的状态如下:

data[0]	data[1]	data[2]	data[3]	data[4]
10	11	12	13	14

2. 删除运算

顺序表的删除运算是指将表的第 i ($1 \leq i \leq n$) 个节点删去,使长度为 n 的顺序表变成长度为 $n-1$ 的顺序表。学生离开座位实例描述如图 2-5 所示,如果第 3 个位置上的学生离开座位,那么第 4 个位置上的学生要坐在第 3 个座位上,然后第 5 个位置上的学生要坐在第 4 个座位上。

微课 2-5:顺序表的删除运算

动画 2-6:学生离开座位

（a）　　　　　　　　　　　　　　　（b）

图2-5　学生离开座位实例描述

动画2-7：
顺序表的删除
运算

顺序表删除操作过程为：若 $i=n$，则只要简单地删除终端节点，无须移动节点；若 $1 \leq i \leq n-1$，则必须将表中位置 $i+1,i+2,...,n$ 上的节点，依次前移到位置 $i,i+1,...,n-1$ 上，覆盖前一个节点，相当于删除第 i 个节点。

具体算法描述如下：

```
void DeleteList(SeqList *L,int i)
{   //从L所指的顺序表中删除第 i 个节点 aᵢ
    int j;
    if(i<1||i>L->length)
        Error("position error");      //非法位置
    for(j=i;j<=L->length-1;j++)
        L->data[j-1]=L->data[j];      //节点前移
    L->length--;                      //表长减小
}
```

假设顺序表的初始状态如下（其中 i 的值为2）：

data[0]	data[1]	data[2]	data[3]	data[4]
10	11	12	13	14

执行下面的代码：

```
for(j=i;j<=L->length-1;j++)
    L->data[j-1]=L->data[j];
```

此时顺序表的状态如下：

data[0]	data[1]	data[2]	data[3]	data[4]
10	12	13	14	

2.3　线性表的链式存储结构

通过对顺序表的学习可知，顺序表的特点是用物理位置上的邻接关系来表示节点之间的逻辑关系。这一特点使我们可以随机存取表中的任一节点，但它的插入和删除操作需要移动大量的节点。为避免大量节点的移动，本节将介绍线性表的另一种存储方法——链式存储方法。用链接方式存储的线性表简称为链表。学生链式座位实例描述如图 2-6 所示，5 名同一宿舍的学生可以不坐在连续的 5 个座位上，但是第 1 个成员用手指向宿舍的第 2 个成员，第 2 个成员用手指向第 3 个成员，依次类推，直到所有成员相连。

动画 2-8：学生
任意入座

图 2-6　学生链式座位实例描述

2.3.1　单链表

微课 2-6：
单链表的定义及
建立运算

单链表用一组任意的存储单元来存放线性表的节点，这组存储单元既可以是连续的，也可以是不连续的，甚至可以零散地分布在内存中的任何位置上。为了能正确表示节点间的逻辑关系，在存储每个节点值的同时，还必须存储指示其后继节点的地址（或位置）信息，这个信息称为指针或链。节点值和指针两部分信息，即数据域和指针域，它们组成了链表中的节点结构：

数据域	指针域
data	next

链表节点的类型定义：

```
typedef struct node
{
    DataType data;        //节点的数据域，DataType 为数据类型
    struct node *next;    //节点的指针域
}ListNode;
```

节点空间开辟：执行 ListNode *p 后，该指针变量指向的节点变量并未开辟空间，只在程序执行过程中需要时才产生，即执行 p=(ListNode *)malloc(sizeof(ListNode))后，才分配一个类型为 ListNode 的节点变量的空间。

节点空间释放：当不再需要 p 指向的节点变量的时候，可以通过执行 free(p) 释放节点空间。

动画 2-9：
单链表的建立

1. 单链表的建立

可以采用尾插法建立单链表，具体操作是将新节点插到当前链表的表尾，为此必须增加一个尾指针 r，使其始终指向当前链表的终端节点，并使指针 head 指向单链表的头节点。例如，在空链表中插入 a_1、a_2 之后，将 a_3 插入当前链表的表尾，其指针修改情况如图 2-7 所示。

图 2-7 尾插法建立单链表的过程

用尾插法建立带头节点的单链表的算法如下：

```
LinkList CreatList()
{
  char ch;
  ListNode *head=(ListNode *)malloc(sizeof(ListNode));    //生成头节点
  ListNode *s,*r;        //工作指针
  r=head;              //尾指针初始值也指向头节点
  while((ch=getchar())!='\n'){
    s=(ListNode *)malloc(sizeof(ListNode));            //生成新节点，第①步
    s->data=ch;        //将读入的数据放入新节点的数据域中，第②步
    r->next=s;          //第③步
    r=s;              //第④步
  }
  r->next=NULL;          //将终端节点的指针域置空，或将空表的头节点指针域置空
  return head;
}
```

微课 2-7：
单链表的插入
运算

动画 2-10：
单链表的插入

2. 插入运算

插入运算是指将值为 x 的新节点插入表的第 i 个节点的位置，即将新节点插入 a_{i-1} 与 a_i 之间。具体过程是：①找到 a_{i-1} 存储位置 p；②生成一个数据域为 x 的新节点 s；③新节点的指针域指向节点 a_i；④令节点 p 的指针域指向新节点。插入过程如图 2-8 所示。

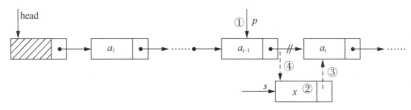

图 2-8　插入新节点

插入算法如下：

```
//在带头节点的单链表 head 中查找第 i 个节点
ListNode* GetNode(ListNode *head,int i)
{
    int j;
    ListNode *p;
    p=head;j=0;                //从头节点开始查找
    while(p->next&&j<i){//顺着指针向后查找，直到 p->next 为 NULL 或 i=j 为止
        p=p->next;
        j++;
    }
    if(i==j)
        return p;              //找到第 i 个节点
    else
        return NULL;           //当 i<0 或 i>n 时，找不到第 i 个节点
}
//将值为 x 的新节点插入带头节点的单链表 head 的第 i 个节点的位置上
void InsertList(ListNode *head,DataType x,int i)
{
    ListNode *p,*s;
    p=GetNode(head,i-1);//查找第 i-1 个节点，第①步
    if (p==NULL)              //i<1 或 i>n+1 时，插入位置 i 有错
        Error("position error");
    s=(ListNode *)malloc(sizeof(ListNode)); //第②步
    s->data=x;
    s->next=p->next;          //第③步
    p->next=s;                //第④步
}
```

3. 删除运算

删除运算是指将表的第 i 个节点删去。具体过程是：①找到 a_{i-1} 的存储位置 p；②让 r 指向 a_i，方便释放节点空间；③令 p->next 指向 a_i 的直接后继节点，跨过 a_i 节点；④执行 free(r) 释放节点 a_i 的空间，节省内存空间。删除过程如图 2-9 所示。

微课 2-8：
单链表的删除
运算

动画 2-11：
单链表的删除
运算

图 2-9　删除节点

删除算法如下：

```
void DeleteList(ListNode *head,int i)
{ //删除带头节点的单链表 head 中的第 i 个节点
    ListNode *p,*r;
    p=GetNode(head,i-1);            //找到第 i-1 个节点，第①步
    if (p==NULL||p->next==NULL) //i<1 或 i>n 时，删除位置 j 错误
        Error("position error"); //退出程序运行
    r=p->next;                      //第②步
    p->next=r->next;                //第③步
    free(r);                        //第④步
}
```

2.3.2　循环链表

循环链表是一种首尾相接的链表，在实际操作过程中更加方便灵活。学生链式座位实例描述如图 2-10 所示，最后的宿舍成员又用手指向第一个成员，形成循环的效果。

微课 2-9：循环
链表

动画 2-12：学生
首尾相连

图 2-10　学生链式座位实例描述

在单链表中，将终端节点的指针域 NULL 改为指向头节点或开始节点，即可成为单循环链表。图 2-11 所示为带头节点的循环链表。

图 2-11 带头节点的循环链表

【例 2.1】假设某个带头节点单循环链表的长度大于 1，s 为指向链表中某个节点的指针，要求删除并返回链表中指针 s 所指节点的前趋节点。具体算法如下：

```
ListNode delete_pre(ListNode *s)
{
    ListNode *pre,*p;       //指针 pre 指向节点的前趋节点
    ListNode e;
    pre=s;
    p=s->next;
    while(p->next!=s)       //寻找前趋节点
    {   pre=p;
        p=p->next;
    }
    pre->next=s;            //删除前趋节点
    e.data=p->data;
    free(p);                //释放空间
    return e;
}
```

从上例可以看出在单循环链表中，从任一节点出发都可以访问到表中其他所有节点，这一优点使得某些运算在单循环链表上更易于实现。

2.4 顺序表和链表的比较

顺序表和链表的比较主要从空间和时间两个方面进行考虑。

微课 2-10：
顺序表和链表的
比较

1. 基于空间考虑

存储密度是指节点数据本身所占的存储量和整个节点结构所占的存储总量之比，即存储密度=（节点数据本身所占的存储量）/（整个节点结构所占的存储总量）。

一般来说，存储密度越大，存储空间的利用率就越高。显然，顺序表的存储密度为 1，而链表的存储密度小于 1。由此可知，当线性表的长度变化不大，且易于事先确定其大小时，为了节约存储空间，宜采用顺序表作为存储结构。

例如：

```
typedef struct node
{
    int data;               //int 占 4 个字节
    struct node *next;      //next 指针占 4 个字节
```

```
}                                      //该结构存储密度为 4/（4+4），即 50%
```

2. 基于时间考虑

顺序表是一种随机存取结构，对表中任一节点都可在 $O(1)$ 时间内直接地存取，而链表中的节点需从头节点起顺着链查找才能取得。因此，当线性表的操作主要是进行查找，很少做插入和删除操作时，采用顺序表作为存储结构为宜。在链表中的任何位置上进行插入和删除操作时，都只需要修改指针；而在顺序表中进行插入和删除操作时，则需要移动大量节点，花费更多时间。因此，对于频繁进行插入和删除操作的线性表，宜采用链表作为存储结构。

有了线性表的逻辑结构、线性表的顺序存储结构、顺序表的定义、顺序表的基本运算等相关知识的储备，接下来就可以完成实例的设计了。

实例分析与实现

1. 实例分析

M 个人围成一圈，就是将 M 个人的信息存入一维数组，当下标达到最大值后重新归零，模拟为循环结构；从某个人（下标：$start$）开始依次从 1 开始报数，每当报数为 N 时，此人从圈中出来，就是将报数为 N（下标：$start+N-1$）的人删除并输出该人信息；下一个人又从 1 开始报数，报数为 N 的人再次删除并输出该人信息，直到圈中只剩下一个人时直接删除并输出该人信息。采用一维数组存储数据，过程如图 2-12 所示，假设有 10 个人，从第一个人开始报数，报数为 5 的人出圈。

初始化结构：

下标	0	1	2	3	4	5	6	7	8	9
编号	①	2	3	4	5	6	7	8	9	10

第一次出圈的人为5号，后面的人前移，从6号开始报数：

下标	0	1	2	3	4	5	6	7	8	9
编号	1	2	3	4	⑥	7	8	9	10	

第二次出圈的人为10号，后面的人前移，从1号开始报数：

下标	0	1	2	3	4	5	6	7	8	9
编号	①	2	3	4	6	7	8	9		

第三次出圈的人为6号，后面的人前移，从7号开始报数：

下标	0	1	2	3	4	5	6	7	8	9
编号	1	2	3	4	⑦	8	9			

拓展阅读 3：

实验实训安全

第四次出圈的人为2号，后面的人前移，从3号开始报数：

下标	0	1	2	3	4	5	6	7	8	9
编号	1	③	4	7	8	9				

依次类推，直到最后只剩下一个人为止。

图 2-12 实例过程描述

2. 项目代码

代码清单 2.1：

```c
#include "stdio.h"
main()
{
    int person[100];
    int i,j;
    int arrayLen;           //数组长度
    int start, N;           //开始位置及 N
    int deleNum;            //出列人所在数组中的下标
    int name, M;            //输入时，人的信息和人的总数
    printf("请输入圆桌上人的总数：");
    scanf("%d",&arrayLen);
    printf("\n" );
    printf("请输入各个人的信息(整数)：\n");
    for(i=0;i<arrayLen;i++)
    {
        scanf("%d",&name);
        person[i]=name;
    }
    printf("你输入的数据的顺序为：\n");
    for(i=0;i<arrayLen-1;i++)
        printf(" %d ==>",person[i]);
    printf("%d\n",person[arrayLen-1]);
    printf("你打算从第几个人开始报数? ");
    scanf("%d",&start);
    start=start-1;
    printf("请输入报数为多少时出圈? ");
    scanf("%d",&N);
    printf("\n");
    M=arrayLen;
    printf("程序运行后,出列人的顺序为:\n\n" );
    for(i=0;i<M;i++)                         //要输出 M 个人的信息，故做 M 次
    {
        if(arrayLen==1)
            printf("%d",person[0]);          //数组只剩一个元素，直接出列
        else
        {
            deleNum=(start+N-1)%arrayLen;    //此取模保证循环
            printf("%d ==> ",person[deleNum]);
```

```
        for(j=deleNum;j<arrayLen;j++)        //出列元素后面的各元素前移
          person[j]=person[j+1];
        start=deleNum;
        arrayLen=arrayLen-1;                //移动完毕后，数组长度减1
      }
    }
    printf("\n\n");
}
```

3. 结果验证（见图 2-13）

图 2-13　结果验证

该实例主要涉及顺序表的插入运算和删除运算等知识，通过对下面进阶案例的学习，读者可以更好地掌握和应用单链表的建立、插入运算和删除运算等知识。

进阶案例—— 一元多项式设计及加法运算

1. 案例介绍

利用单链表知识实现以下功能，输入两个一元多项式，并实现加法运算，例如，分别输入 $3x^4+5x^2+7$ 和 $2x^3+x^2+8x^1$ 两个多项式，两个多项式进行加法运算后等于 $3x^4+2x^3+6x^2+8x^1+7$。多项式按照指数从小到大的顺序存储，如图 2-14 和图 2-15 所示。

执行加法运算前，单链表 *Pa* 和 *Pb* 的存储结构如下：

图 2-14　*Pa* 和 *Pb* 的存储结构

执行加法运算后所得的单链表 **Pc** 的存储结构如下：

图 2-15　**Pc** 的存储结构

2. 案例分析

首先，建立两个单链表，用于存储输入的两个一元多项式，在某个单链表上直接进行加法运算，其中每个节点的结构体类型中应该包含 3 个域，分别用来存储多项式的系数、指数和后继节点的地址。然后，编写存储一元多项式的函数和输出一元多项式的函数。最后，编写两个多项式进行加法运算的函数，如果两个多项式中有指数相同的项，将两个项的系数域求和，再存入结果链表中相应节点的系数域；如果两个多项式中有指数不相同的项，则将该项的指数域与结果链表中节点指数域比较大小，选择合适位置插入该项。

3. 项目代码

代码清单 2.2：

```
#include<stdio.h>
//一元多项式定义
typedef struct node{
    float coef;                              //系数
    int expn;                                //指数
    struct node *next;                       //后继节点的地址
}pnode,*polynomial;
//一元多项式的创建
polynomial createpolyn(polynomial p,int m)
{
    int i;
    polynomial q,pre,s;                      //节点 q、pre、s
    p=(polynomial)malloc(sizeof(pnode));     //生成新节点
    p->next=0;                               //先建立一个带头节点的单链表
    p->expn=-1;                              //头节点指数值设为-1
    for(i=0;i<m;i++)                         //依次输入 m 个非零值
    {
        s=(polynomial)malloc(sizeof(pnode)); //生成新节点
        printf("输入系数和指数:");
        scanf("%f%d",&s->coef,&s->expn)      //输入系数和指数
        pre=p;                               //pre 用于保存 q 的前趋节点
        q=p->next;                           //q 的初始值为头节点
```

```
            while(q&&q->expn<=s->expn){          //找到第一个大于输入项指数的项q
                pre=q;
                q=q->next;
            }
            s->next=q;pre->next=s;                //将输入项s插入q和pre之间
        }
    printf("--创建成功--\n");
    return p;
}
//一元多项式输出
void pri(polynomial p)
{
    polynomial q;
    int id=1;
    q=p->next;                                    //第一项(头节点)
    printf("加法运算后结果为:\n");
    while(q)
    {
        printf("第%d个节点:系数%f,指数%d\n",id,q->coef,q->expn);
        q=q->next;                                //节点后移
        id++;
    }
}
//一元多项式相加
polynomial addpolyn(polynomial pa,polynomial pb)
{
    polynomial p1,p2,p3,q;
    int sum;                                      //系数和sum
    p1=pa->next;p2=pb->next;
    p3=pa;                                        //p3指向多项式和当前节点
    while(p1&&p2){                                //p1和p2均为非空
        if(p1->expn==p2->expn){                   //指数相同
            sum=p1->coef+p2->coef;                //sum保存两项的系数和
            if(sum){                              //系数和不为0
                p1->coef=sum;                     //修改节点p1的系数值
                p3->next=p1;
                p3=p1;                            //将修改后的节点p1连接在p3之后
                p1=p1->next;                      //p1指向后一项
                q=p2;p2=p2->next;free(q);         //删除pb当前节点q
            }else{                                //系数和为0
```

```
            q=p1;p1=p1->next;free(q);              //删除 pa 当前节点 p1
            q=p2;p2=p2->next;free(q);              //删除 pb 当前节点 p2
         }
      }else{
         if(p1->expn<=p2->expn){                  //pa 当前节点 p1 的指数值小
            p3->next=p1;                           //将 p1 连接在 p3 之后
            p3=p1;                                 //p3 指向 p1
            p1=p1->next;                           //p1 指向后一项
         }else{
            p3->next=p2;                           //pb 当前节点 p2 的指数值小
            p3=p2;                                 //将 p2 连接在 p3 之后
            p2=p2->next;                           //p2 指向后一项
         }
      }
   }
   p3->next=p1?p1:p2;                              //插入非空多项式的剩余部分
   free(pb);                                       //释放 pb 的头节点
   return pa;                                      //返回多项式的和
}
main()
{
   int m;
   polynomial pa,pb,pc;                            //声明一元多项式 pa、pb、pc
   printf("=================创建一元多项式=======================");
   printf("创建 A 项数:");scanf("%d",&m);          //创建 pa 项数
   pa=createpolyn(pa,m);                           //创建一元多项式 pa
   printf("创建 B 项数:");scanf("%d",&m);          //创建 pb 项数
   pb=createpolyn(pb,m);                           //创建一元多项式 pb
   printf("=================一元多项式相加=======================");
   pc=addpolyn(pa,pb);                             //一元多项式相加
   pri(pc);                                        //输出一元多项式 pc
   printf("========================END========================");
}
```

本章小结

　　本章首先描述了约瑟夫游戏方案设计实例；然后介绍了线性表的逻辑结构特性、线性表的两种存储结构（顺序存储结构和链式存储结构），以及线性表的一些常见运算；最后进行了实例的分析、程序设计与结果验证，还进行了进阶案例的分析与实现。其中顺序表和

链表的插入和删除运算是重点内容，同时链表的插入和删除运算也是难点内容。顺序表主要通过一维数组实现，而链表主要通过结构体和指针实现。

通过本章的学习，读者应该能理解线性表的逻辑结构；掌握顺序表的地址计算方法；熟练掌握线性表的顺序实现和链式实现；了解顺序表和链表各自的优缺点和适用场合，并能够运用本章知识解决实际应用问题。

同步训练

一、填空题

1. 在一个长度为 n 的顺序表中的第 i 个元素（$1 \leq i \leq n+1$）之前插入一个元素时，需向后移动_____个元素。

2. 线性表 a 的数据元素的长度为 2，在顺序存储结构下 $LOC(a_0) = 100$，则 $LOC(a_5) =$ _____。

3. 线性表由 a_1、a_2、a_3、…，a_n 组成，其中 a_1 称为_____节点，a_n 称为_____节点，a_3 称为 a_2 的直接_____，a_2 称为 a_3 的直接_____。

二、选择题

1. 在表长为 n 的顺序表上做插入运算，平均要移动的节点数为（　　　）。

    A. n B. $n/2$ C. $n/3$ D. $n/4$

2. 在单链表中，若 p 所指节点不是终端节点，在 p 之后插入 s 所指节点，则执行（　　　）。

    A. s->next=p->next; p->next=s;   B. p->next=s->next; s->next=p;

    C. p->next=p; p->next=s;   D. p->next=s; s->next=p;

3. 线性表采用链式存储方法时，节点的地址（　　　）。

    A. 必须是连续的   B. 必须是不连续的

    C. 连续与否均可   D. 必须有相等的间隔

4. 下列有关线性表的叙述正确的是（　　　）。

    A. 线性表中的元素之间是线性关系

    B. 线性表中至少有一个元素

    C. 线性表中任何一个元素有且仅有一个直接前趋

    D. 线性表中任何一个元素有且仅有一个直接后继

三、应用题

1. 指针变量指向的节点变量并未开辟空间，开辟节点空间需要执行的语句是什么？

2. 删除图 2-16 所示单链表中的 q 节点，需要执行的两条语句是什么？

图 2-16 单链表

3. 已知线性表的存储结构为顺序表，阅读下列算法，并回答问题。

```
void f30 (SeqList *L)
{
int  i,j;
for(i=j=0;i<L->length;i++)
   if(L->data[i]>=0)
   {
        if(i!=j)  L->data[j]=L->data[i];
        j++;
   }
L->length=j;
}
```

（1）设线性表 L=（21,-7,-8,19,0,-11,34,30,-10），写出执行 f30(&L)后的 L 的状态。

（2）简述算法 f30 的功能。

4. 假设以带头节点的单链表表示线性表，其中单链表的类型定义如下：

```
typedef  int  DataType;
typedef struct node {
    DataType data;
    struct node * next;
} LinkNode, * LinkList;
```

算法 f30 如下：

```
void f30( LinkList head)
{ LinkList  p,r, s;
   if (head->next)
   {
      r=head->next;
      p=r->next;
      r->next=NULL;
      while(p)
      {
         s=p;
         p=p->next;
         if (s->data%2==0)
         {
            s->next=head->next;
            head->next=s;
         }
```

```
        else
        {
            s->next=r->next;
            r->next=s;
            r=s;
        }
    }
}
```

请回答以下问题。

（1）已知初始链表如图 2-17 所示，画出执行 f30(head)之后的链表。

图 2-17　初始链表

（2）简述算法 f30 的功能。

四、算法设计题

1. 设计算法实现将顺序表中的数据逆置的操作。

2. 设计算法实现将单链表中的数据逆置的操作。

第 3 章 栈和队列的结构分析与应用

学习目标

- 熟练掌握栈的顺序存储结构和基本操作的实现。
- 理解并掌握栈的链式存储结构和基本操作的实现。
- 熟练掌握循环队列的顺序存储结构和基本操作的实现。
- 理解并掌握循环队列的链式存储结构和基本操作的实现。
- 理解栈和队列各自的特点和适用场合。

实例描述——计算器进制转换功能设计

计算机中的计算器可以将十进制数转换为二进制数，具体操作过程如图 3-1 所示，输入十进制数 8，如图 3-1（a）所示，然后选择"二进制"单选项，如图 3-1（b）所示，界面中显示转换为二进制数后的结果为 1000。要如何实现进制转换的算法设计呢？该实例涉及栈的初始化、进栈操作、出栈操作等知识。

（a）   （b）

图 3-1　进制转换实例描述

知识储备

3.1 栈

栈的实际应用比较广泛，本节主要介绍栈的定义，以及栈的顺序存储和链式存储两种存储方式。

微课 3-1：栈的
定义及操作原则

3.1.1 栈的定义及基本运算

栈是限制只能在表的一端进行插入和删除操作的线性表，在表中允许插入和删除操作的这一端称为"栈顶"，另一端称为"栈底"。通常往栈顶插入元素的操作称为入栈或者进栈，删除栈顶的元素的操作称为出栈或者退栈。当栈中没有元素时称为空栈。图 3-2 所示为 $a_1, a_2, ..., a_n$ 进栈后的状态。

为了说明栈的概念，这里举一个简单的例子。栈就像一个子弹夹一样，压入和弹出子弹都要从子弹夹的上端进行操作，压入子弹相当于栈的进栈操作，弹出子弹相当于栈的出栈操作，而且最先压入的子弹最后弹出，最后压入的子弹最先弹出，如图 3-3 所示。

动画 3-1：子弹
进出弹夹

图 3-2 栈的形态示意图

图 3-3 子弹夹示例

注意：栈的操作原则是先进后出（First In Last Out，FILO）或者后进先出（Last In First Out，LIFO）。

栈的 6 种基本运算如下。

① InitStack(S)：初始化操作，构造一个空栈。

② StackEmpty(S)：判断栈是否为空。若栈为空，函数返回值为 1；否则，返回值为 0。

③ StackFull(S)：判断栈是否为满。若栈已满，函数返回值为 1；否则，返回值为 0。

④ Push(S,x)：进栈操作。在栈的顶部插入一个新元素 x。

⑤ Pop(S)：出栈操作。删除栈顶端元素，并返回该元素。

⑥ StackTop(S)：取栈顶元素。返回栈顶元素，但不删除。

微课 3-2：
顺序栈定义

3.1.2 顺序栈及操作实现

栈的顺序存储结构简称为顺序栈，由于栈是运算受限的线性表，因此线性表的存储结构对栈也适用。栈顶位置是随着进栈和退栈操作而变化的，故需用一个整型量 top 来记录当前栈顶位置（下标）。因此，顺序栈的类型定义只需将顺序表的类型定义中的长度域改为 top 域即可。顺序表的类型定义如下：

```
typedef struct
{
    DataType data[StackSize]; // DataType 为 int、char 等数据类型
    int top; //记录栈顶位置
}SeqStack;
```

设 S 是 SeqStack 类型的指针变量，S->data[0]是栈底元素。

进栈操作：进栈时，需要将 S->top 加 1。

注意：①S->top==StackSize-1 表示栈满；②当栈满时，做进栈运算会发生空间上溢的情况。

退栈操作：退栈时，需要将 S->top 减 1。

注意：①S->top==-1 表示空栈；②当栈空时，做退栈运算会发生空间下溢的情况。

图 3-4 所示为进行进栈和出栈运算时，栈中元素和记录栈顶位置的变量 top 之间的关系。

图 3-4　栈的进栈和出栈操作示意图

顺序栈的 6 种基本运算如下。

（1）初始化为栈空

```
void InitStack(SeqStack *S)
{
    S->top=-1;
}
```

（2）判断栈是否为空

```
int StackEmpty(SeqStack *S)
{
    return S->top==-1;
}
```

（3）判断栈是否为满

```
int StackFull(SeqStack *S)
{
```

微课 3-3：顺序栈初始化、判栈空和判栈满运算

```
return S->top==StackSize-1;  //StackSize 为栈的空间大小
}
```

（4）进栈操作

```
void Push (SeqStack *S, DataType x)
{
    if (StackFull(S))
      printf("Stack overflow"); //空间上溢，退出运行
    S->top++;                    //记录栈顶位置的变量 top 加 1
    S->data[S->top]=x;           //将 x 入栈
}
```

假设顺序栈的初始状态如图 3-5 所示，其中 top 的值为 0，x 的值为 B。

执行下面的代码：

```
S->top++;
S->data[S->top]=x;
```

此时顺序栈的状态如图 3-6 所示，top 的值为 1。

图 3-5　初始状态　　　图 3-6　B 入栈

（5）出栈操作

```
DataType Pop (SeqStack *S)
{
    DataType x;
    if(StackEmpty(S))
        printf("Stack underflow"); //空间下溢，退出运行
    x=S->data[S->top];             //获取栈顶元素
    S->top--;                      //记录栈顶位置的变量 top 减 1
    return x;                      //返回栈顶元素
}
```

假设顺序栈的初始状态如图 3-7 所示，其中 top 的值为 1。

执行下面的代码：

```
x=S->data[S->top];
S->top--;
```

此时顺序栈的状态如图 3-8 所示，top 的值为 0，x 的值为 B。

图 3-7　初始状态

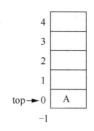

图 3-8　B 出栈

（6）取栈顶元素

```
DataType StackTop(S)
{
    if(StackEmpty(S))
      printf("Stack is empty");
    return S->data[S->top];
}
```

动画 3-4：
顺序栈的取栈顶
元素运算

3.1.3　链栈及操作实现

栈的链式存储结构称为链栈，它是运算受限的单链表，其插入和删除操作限制在表头位置上进行，所以需要增加一个指向栈顶的指针 top。图 3-9 所示为链栈的示意图，将它水平伸直就是前面介绍过的单链表。

链栈的类型定义如下：

图 3-9　链栈的示意图

```
typedef struct stacknode
{
  DataType data;
  struct stacknode *next;
}StackNode;
```

链栈的初始化为栈空、判断栈是否为空、进栈操作、出栈操作、取栈顶元素 5 种基本运算如下（不存在栈满情况）。

（1）初始化为栈空

```
void InitStack(StackNode **top)
{
    *top=NULL;
}
```

微课 3-6：链栈
初始化和判栈
空运算

（2）判断栈是否为空

```
int StackEmpty(StackNode *top)
{
    return top==NULL;
}
```

（3）进栈操作

```
void Push(StackNode **top, DataType x)
```

微课 3-7：链栈
的进栈运算

```
{   //将元素 x 插入链栈头部
    StackNode *p=(StackNode *)malloc(sizeof(StackNode));
    p->data=x;
    p->next=*top;
    *top=p;
}
```

假设链栈的初始状态如图 3-10 所示，其中 x 的值为 D。

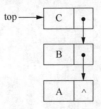

图 3-10　初始状态

动画 3-5：链栈
的进栈运算

执行下面的代码：

```
p->data=x;
p->next=*top;
*top=p;
```

此时链栈的状态如图 3-11 所示。

（4）出栈操作

微课 3-8：链栈
的出栈和取栈顶
元素运算

```
DataType Pop(StackNode **top)
{
    DataType x;
    StackNode *p=*top;                    //保存栈顶指针
    if(StackEmpty(*top))
        printf("Stack underflow.");       //空间下溢
    x=(*top)->data;                       //保存栈顶节点数据
    *top=p->next;                         //将栈顶节点从链上取出
    free(p);
    return x;
}
```

执行 StackNode *p=*top 后，链栈的初始状态如图 3-12 所示。

动画 3-6：链栈
的出栈运算

图 3-11　进栈后

图 3-12　初始状态

执行下面的代码：

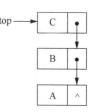

图 3-13　出栈后

```
x=(*top)->data;
*top=p->next;
free(p);
```

此时链栈的状态如图 3-13 所示，x 的值为 D。

（5）取栈顶元素

```
DataType StackTop(StackNode *top)
{
    if(StackEmpty(top))
        printf("Stack is empty.");
    return top->data;
}
```

动画 3-7：链栈
的取栈顶元素
运算

3.2　队列

队列的实际应用比较广泛，本节主要介绍队列的定义，以及队列的顺序存储和链式存储两种存储方式。

3.2.1　队列的定义及基本运算

队列是只允许在一端进行插入操作，而在另一端进行删除操作的运算受限的线性表。允许删除操作的一端称为队头，允许插入操作的一端称为队尾。当队列中没有元素时称为空队列。在空队列中依次加入元素 $a_1,a_2,...,a_n$ 之后，a_1 是队头元素，a_n 是队尾元素。图 3-14 所示为队列的操作示意图。

微课 3-9：队列
的定义及操作
原则

图 3-14　队列的操作示意图

队列就像学生在食堂排队打饭一样，先来的人排在前面，后来的人依次排在后面，第一个人打饭离开后，才能轮到第二个人打饭，如图 3-15 所示。

图 3-15　队列示意图

动画 3-8：食堂
排队打饭

注意：队列的操作原则是先进先出（First In First Out，FIFO）或者后进后出（Last In Last Out，LILO）。

队列的 6 种基本运算如下。

① InitQueue(Q)：初始化操作，构造一个空队列。

② QueueEmpty(Q)：判断队列是否为空。若队列为空，函数返回值为 1；否则，返回值为 0。

③ QueueFull(Q)：判断队列是否为满。若队列已满，函数返回值为 1；否则，返回值为 0。

④ EnQueue(Q,x)：入队操作。在队尾插入一个新元素 x。

⑤ DeQueue(Q)：出队操作。删除队头元素，并返回该元素。

⑥ QueueFront(Q)：取队头元素。返回队头元素，但不删除。

微课 3-10：顺序
队列的定义

3.2.2 顺序队列及操作实现

队列的顺序存储结构称为顺序队列，顺序队列实际上是运算受限的顺序表。由于向量空间无论多大，均会发生队尾没有空闲空间，队头有空闲空间，但不能进行入队操作的情况；因此为了充分利用向量空间，将向量空间想象为一个首尾相接的圆环，并称这种向量为循环向量，存储在其中的队列称为循环队列。循环队列入队和出队的具体操作过程如图 3-16 所示，特别强调，front 指向头元素，rear 指向尾元素下一个空闲的空间。

图 3-16　循环队列的入队和出队的具体操作过程

下面分析几种队列的状态。

① 队列空要满足的条件是 front==rear。

② 队列满要满足的条件是 front==（rear+1）%QueueSize（QueueSize 为队列大小）。

③ 计算队列中元素个数的公式是 length=（rear-front+QueueSize）%QueueSize。

顺序队列的类型定义如下：

```
typedef struct
{
    DataType data[QueueSize];//DataType 为数据类型，QueueSize 为队列大小
    int front,rear;
}CirQueue;
```

顺序队列的 6 种基本运算如下。

（1）初始化为空队列

```
void InitQueue(CirQueue *q)
{
    q->front=0;
    q->rear=0;
}
```

微课 3-11：顺序队列初始化及判队空和判队满运算

（2）判断队列是否为空

```
int QueueEmpty(CirQueue *q)
{
    if(q->front==q->rear)
        return 1;
    else
        return 0;
}
```

（3）判断队列是否为满

```
int QueueFull(CirQueue *q)
{
    if(q->front==(q->rear+1)%QueueSize)
        return 1;
    else
        return 0;
}
```

（4）进队操作

```
void EnQueue(CirQueue *q,DataType x)
{
    if(QueueFull(q))
        printf("overflow!"); //队满，空间上溢
    q->data[q->rear]=x;
    q->rear=(q->rear+1)%QueueSize;
}
```

微课 3-12：顺序队列的进队运算

假设队列的初始状态如图 3-17 所示，其中 rear 的值为 2，x 的值为 C。

执行下面的代码：

```
q->data[q->rear]=x;
q->rear=(q->rear+1)%QueueSize;
```

此时队列的状态如图 3-18 所示。

图 3-17 初始状态

图 3-18 入队后

（5）出队操作

```
DataType DeQueue(CirQueue *q)
{
    DataType x;
    if(QueueEmpty(q))
        printf("underflow!");//队空，空间下溢
    x=q->data[q->front];
    q->front=(q->front +1)%QueueSize;
    return x;
}
```

假设队列的初始状态如图 3-19 所示，其中 rear 的值为 3。

执行下面的代码：

```
x=q->data[q->front];
q->front=(q->front+1)%QueueSize;
```

此时队列的状态如图 3-20 所示，x 的值为 A。

图 3-19 初始状态

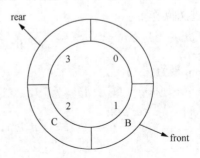

图 3-20 出队后

（6）取队头元素操作

```
DataType QueueFront(CirQueue *q)
{
    DataType x;
    if(QueueEmpty(q))
        printf("underflow!");//队空，空间下溢
    x=q->data[q->front];
    return x;
}
```

动画 3-11：顺序
队列的取队头
元素运算

3.2.3　链队列及操作实现

队列的链式存储结构简称为链队列。它是限制仅在表头进行删除操作和在表尾进行插入操作的单链表。增加指向链表最后一个节点的尾指针，便于在表尾做插入操作。图 3-21 所示为链队列的示意图。

图 3-21　链队列的示意图

链队列的类型定义如下：

```
typedef struct Queuenode        //链队列节点的类型
{
    DataType data;
    struct  Queuenode *next;
}Linknode;
typedef struct                  //将头、尾指针封装在一起的链队列
{
    Linknode *front,*rear;
}LinkQueue;
```

链队列的 5 种基本运算如下（不存在队满情况）。

（1）初始化为空队列

```
void InitQueue(LinkQueue *Q)
{
    Q->front=Q->rear=NULL;
}
```

微课 3-14：
链队列初始化及
判队空运算

（2）判断队列是否为空

```
int QueueEmpty(LinkQueue *Q)
{
    return Q->front==NULL&&Q->rear==NuLL;
}
```

微课 3-15：
链队列的进队
运算

（3）进队操作

```
void EnQueue(LinkQueue *Q,DataType x)
{   //将元素 x 插入链队列尾部
    QueueNode *p=(QueueNode *)malloc(sizeof(QueueNode));
                              //开辟新节点空间
    p->data=x;
    p->next=NULL;
    if(QueueEmpty(Q))
        Q->front=Q->rear=p;       //将 x 插入空队列
    else
    {   //x 插入非空队列的尾
        Q->rear->next=p;          //将 p 连接到队尾
        Q->rear=p;                //队尾指针指向 p
    }
}
```

动画 3-12：
链队列的进队
运算

假设链队列的初始状态如图 3-22 所示，其中 x 的值为 D。

图 3-22　初始状态

执行下面的代码：

```
p->data=x;
p->next=NULL;
Q->rear->next=p;
Q->rear=p;
```

此时链队列的状态如图 3-23 所示。

图 3-23　入队后

微课 3-16：
链队列的出队和
取队头元素运算

（4）出队操作

```
DataType DeQueue(LinkQueue *Q)
{
    DataType x;
    QueueNode *p;
    if(QueueEmpty(Q))
        printf("Queue underflow");  //空间下溢
```

```
    p=Q->front;          //指向队头节点
    x=p->data;           //保存队头节点的数据
    Q->front=p->next;    //将队头节点从链上取出
    if(Q->rear==p)       //原队列中只有一个节点，删去后队列变为空队列
        Q->rear=NULL;
    free(p);             //释放被删除的队头节点的空间
    return x;            //返回原队头数据
}
```

执行 p=Q->front 和 x=p->data 后，链队列的初始状态如图 3-24 所示，其中 x 的值为 A。

图 3-24　初始状态

动画 3-13：
链队列的出队
运算

执行下面的代码：

```
Q->front=p->next;
free(p);
```

此时链队列的状态如图 3-25 所示，出队后 x 的值为 A。

图 3-25　出队后

（5）取队头元素操作

```
DataType QueueFront(LinkQueue *Q)
{
    if(QueueEmpty(Q))
        printf("Queue if empty.");
    return Q->front->data;
}
```

动画 3-14：
链队列的取队
头元素运算

有了栈的定义及基本运算、顺序栈及各种操作实现等相关知识的储备，接下来就可以完成实例的设计了。

实例分析与实现

1. 实例分析

将十进制数转换为二进制数的方法是将十进制数循环除以 2，并将余数依次进栈，直到商等于 0 为止，然后将栈中的数据再依次出栈，得到的序列就是二进制数，如图 3-26 所示。

图 3-26　十进制数转换为二进制数的示意图

2. 项目代码

代码清单 3.1：

```
#include "stdio.h"
typedef struct
{
    int data[50];//进制设为整型
    int top;
}seqstack;
//栈的初始化
void initstack(seqstack *s)
{
    s->top=-1;
}
//判断栈是否为空
int empty(seqstack *s)
{
    if(s->top==-1)
        return 1;
    else
        return 0;
}
//进栈操作
void push(seqstack *s,int x)
{
    if(s->top==49)//栈的下标范围为 0 ~ 49
        printf("overflow!\n");
    else
    {
        s->top++;
        s->data[s->top]=x;
    }
```

```
}
//出栈操作
char pop(seqstack *s)
{
    int x;
    if(empty(s))
    {
        printf("underflow!\n");
        x='\0';
    }
    else
    {
        x=s->data[s->top];
        s->top--;
    }
    return x;
}
void multibase(int n,int b)
{
    int i;
    seqstack s;
    initstack(&s);
    while(n!=0)
    {
        push(&s,n%b);//进栈
        n=n/b;
    }
    printf("转换后的结果:");
    while(!empty(&s))
    {
        i=pop(&s);//出栈
        printf("%d",i);
    }
    printf("\n");
}
main()
{
    int n,b;
    printf("请输入十进制数:");
    scanf("%d",&n);
    printf("请输入要转换的进制:");
    scanf("%d",&b);
    multibase(n,b);//调用转换函数
}
```

3．结果验证

结果验证如图 3-27 所示。

图 3-27　结果验证

该实例主要涉及栈的定义及基本运算、顺序栈及各种操作实现等知识。通过对下面进阶案例的学习，读者可以更好地掌握和应用队列的定义及操作原则、队列的进队操作、队列的出队操作等知识。

进阶案例——中缀表达式转换为后缀表达式设计

1．案例介绍

拓展阅读 4：
劳模精神

中缀表达式转换为后缀表达式是程序设计语言编译中的一个基本问题。它的实现是栈和队列应用的一个典型例子。假定在中缀表达式中只含有 4 种基本运算符，操作数是 10 以内的整数，括号由圆括号构成。例如，有一个中缀表达式为"5+6*8"，则它的后缀表达式为"568*+"。那么，如何将中缀表达式转换为后缀表达式呢？过程如下：从左至右扫描中缀表达式，首先遇到的是数字 5，直接输出；当遇到运算符"+"时先保存至栈中，不能立即输出，因为其后面的运算符有可能具有较高的优先级，这样的运算符必须先运算；紧接着扫描到数字 6，也直接输出；再接着扫描到运算符"*"，新扫描到的运算符优先级必须与前一个运算符的优先级进行比较，如果新的运算符优先级高，就要像前一个运算符那样保存它，直到扫描到第二个操作数 8，输出 8 后再将该运算符从栈中取出并输出，即输出"*"，然后再输出"+"，最后得到后缀表达式"568*+"。因此，在转换过程中必须保存两个运算符，后保存的运算符先输出。

如果中缀表达式含有圆括号，那么由于括号具有最高的优先级，它在整个表达式的内部产生了完全独立的子表达式，因此就需要修改前面的算法。当扫描到一个左括号时，需要将其入栈中，使其在栈中产生一个"伪栈底"，这样算法就可以像前面一样进行。当扫描到一个右括号时，就需要将从栈顶到这个"伪栈底"中的所有运算符全部取出，然后再将这个"伪栈底"删除。

2．案例分析

顺序扫描中缀表达式，当扫描到数字时，直接将其送至输出队列中；当扫描到运算符时，将栈中所有优先级高于或等于该运算符的运算符取出，送至输出队列中，再将当前运算符入栈；当读到左括号时，将其入栈；当读到右括号时，将靠近栈顶的第一个左括号上面的运算符全部依次取出，送至输出队列中，再删除栈中的左括号。为了简化算法，我们把括号也当作运算符看待，并规定它的优先级为最低，大家也可以根据需要对算法的功能加以扩充。

3. 项目代码

代码清单 3.2:

```c
#include "stdio.h"
//栈的类型定义
typedef struct
{
    char data[100];
    int top;
}SeqStack;
//初始化栈
void InitStack(SeqStack *S)
{
    S->top=-1;
}
//判断栈是否为空
int StackEmpty(SeqStack *S)
{
    return S->top==-1;
}
//判断栈是否为满
int StackFull(SeqStack *S)
{
    return S->top==99; //StackSize 为栈的空间大小
}
//入栈操作
void Push(SeqStack *S,char x)
{
    if (StackFull(S))
      printf("Stack overflow");
    S->top++;
    S->data[S->top]=x;
}
//出栈操作
char Pop(SeqStack *S)
{
    char x;
    if(StackEmpty(S))
       printf("Stack underflow");
    x=S->data[S->top];
```

```
        S->top--;
        return x;
}
char StackTop(SeqStack *S)
{
        if(StackEmpty(S))
                printf("Stack is empty");
        return S->data[S->top];
}
//队列的类型定义
typedef struct
{
        char data[100];
        int front,rear;
}CirQueue;
//初始化为空队列
void InitQueue(CirQueue *q)
{
        q->front=0;
        q->rear=0;
}
//判断队列是否为满
int QueueFull(CirQueue *q)
{
        if(q->front==(q->rear+1)%100)
                return 1;
        else
                return 0;
}
//判断队列是否为空
int QueueEmpty(CirQueue *q)
{
        if(q->front==q->rear)
                return 1;
        else
                return 0;
}
//入队操作
void EnQueue(CirQueue *q,char x)
{
        if(QueueFull(q))
                printf("overflow!");
        q->data[q->rear]=x;
```

```
    q->rear=(q->rear+1)%100;
}
//出队操作
char DeQueue(CirQueue *q)
{
    char x;
    if(QueueEmpty(q))
        printf("underflow!");
    x=q->data[q->front];
    q->front=(q->front +1)%100;
    return x;
}
//运算符优先级判断函数
int Priority(char op)
{
    switch(op)
    {
        case '(':
        case '#':return 0;
        case '-':
        case '+':return 1;
        case '*':
        case '/':return 2;
    }
    return -1;
}
//表达式转换函数
void Ctexp(CirQueue *Q)
{
    SeqStack S;
    char c,t;
    InitStack(&S);
    Push(&S,'#');
    printf("请输入中缀表达式:");
    do
    {
        c=getchar();
        switch(c)
        {
            case ' ':break;
            case '0':case '1':
            case '2':case '3':
            case '4':case '5':
            case '6':case '7':
```

```
             case '8':case '9':EnQueue(Q,c);break;
             case '(':Push(&S,c);break;
             case ')':
             case '#':
                  do
                  {
                      t=Pop(&S);
                      if(t!='('&&t!='#') EnQueue(Q,t);
                  }while(t!='('&&S.top!=-1);break;
             case '+':
             case '-':
             case '*':
             case '/':
                  while(Priority(c)<=Priority(StackTop(&S)))
                  {
                      t=Pop(&S);EnQueue(Q,t);
                  }
                  Push(&S,c);break;
        }
    }while(c!='#');
}
main()
{
    CirQueue Q;
    char c;
    InitQueue(&Q);
    Ctexp(&Q);
    printf("转换后的后缀表达式:");
    while(QueueEmpty(&Q)!=1)
    {
        c=DeQueue(&Q);
        printf("%c",c);
    }
    printf("\n");
}
```

本章小结

本章首先描述了计算器中进制转换功能的设计实例；然后介绍了栈和队列的定义、栈和队列的操作原则、顺序栈和链栈的存储结构、顺序队列和链队列的存储结构，以及栈和队列的基本操作；最后进行了实例的分析、程序设计与结果验证，还进行了进阶案例的分析与实现。其中，栈和队列的进出操作是重点内容，循环队列的进出操作是难点内容。

第 ❸ 章　栈和队列的结构分析与应用

通过本章的学习，读者应该能理解栈和队列的定义、结构特点，以及适用场合；熟练掌握栈和队列的各种基本操作；掌握栈和队列这种抽象数据类型的特点，并能够运用本章知识解决实际应用问题。

同步训练

一、填空题

1. 栈的操作原则是_____，队列的操作原则是_____。

2. 循环队列用数组 *data*[max]存放其元素值，已知其头、尾指针分别是 front 和 rear，则当前队列中元素的个数是_____。

3. 假设以 S 和 X 分别表示进栈和出栈操作，则对输入序列 a,b,c,d,e 进行一系列栈操作 SSXSXSSXXX 之后，得到的输出序列为_____。

二、选择题

1. 循环队列是空队列的条件是（　　）。

    A. Q->rear==Q->front
    B.（Q->rear+1）%maxsize==Q->front
    C. Q->rear==0
    D. Q->front==0

2. 链栈与顺序栈相比，比较明显的优势是（　　）。

    A. 插入操作更加方便
    B. 删除操作更加方便
    C. 不会出现空间下溢的情况
    D. 不会出现空间上溢的情况

3. 设数组 *Data*[n]为循环队列 Q 的存储空间，front 为队头指针，rear 为队尾指针，则执行入队操作的语句为（　　）。

    A. Q->rear=(Q->rear+1)%(n+1)
    B. Q->front=(Q->front+1)% n
    C. Q->rear=(Q->rear+1)% n
    D. Q->front=(Q->front+1)%(n+1)

三、应用题

1. 数据元素 1、2、3 依次进栈，进栈过程中允许出栈，请写出各种可能的出栈元素序列。

2. 循环队列的优点是什么？

3. 分析下面程序段的功能，程序段中所调用的函数为顺序栈的基本操作。

```
void fun(SeqStack *s)
{
    int i,arr[max],n=0;
    while(!StackEmpty(s))
    {
        arr[n++]=Pop(s);
    }
    for(i=0;i<n;i++)
        Push(s,arr[i]);
```

```
}
```

4. 分析下面程序段的功能，程序段中所调用的函数为顺序队列的基本操作。

```
void fun(CirQueue *Q, CirQueue *Q1, CirQueue *Q2)
{
    int  e;
    InitQueue(Q1);
    InitQueue(Q2);
    while(!QueueEmpty(Q))
     {
        e=DeQueue(Q);
        if(e>=0) EnQueue(Q1,e);
        else EnQueue(Q2,e);
     }
}
```

四、算法设计题

1. 回文就是正读和反读都一样的序列，如"abdba"是回文，而"hello"不是回文。编写一个算法判断一个字符串是不是回文字符串，要求利用栈的知识来实现。

2. 编写一个算法，计算链栈中节点的个数。

第 4 章 串的结构分析与应用

学习目标

- 了解串的基本概念和基本运算。
- 熟练掌握串的顺序存储结构。
- 理解并掌握串的链式存储结构。
- 熟练掌握串的匹配算法设计与实现。

实例描述——统计一篇英文短文中单词的个数

我们在阅读英文文章时，会发现每个单词都是用空格分开的。现在假设有一篇英文短文，每个单词之间是用空格分开的，试编写一个算法，根据空格数统计短文中单词的个数。例如，图 4-1 所示的英文短文含有 49 个单词。该实例涉及串的基本概念、串的基本运算、串的顺序存储结构、子串的定位运算等知识。

> To a large degree, the measure of our peace of mind is determined by how much we are able to live on the present moment. Irrespective of what happened yesterday or last year, and what may or may not happen tomorrow, the present moment is where you are always !

图 4-1 英文短文示例

知识储备

串即字符串。计算机处理的对象分为数值数据和非数值数据，字符串是最基本的非数值数据。字符串的应用非常广泛，它是许多软件系统（如字符编辑、情报检索、词法分析、符号处理等系统）的操作对象。在事务处理程序中，顾客的姓名和地址，以及货物的名称、产地和规格等，一般是作为字符串处理的。字符串是一种特定的线性表，其特殊性在于组成线性表的每个元素都是一个单字符。

4.1 串的定义及运算

串的定义容易理解，但串的 4 种基本运算略有难度。

4.1.1 串的基本概念

串（String）是由零个或多个字符组成的有限序列。串的形式一般为 $S="a_1a_2...a_n"$，其中 S 是串名；双引号引起的字符序列是串值；将串值引起来的双引号本身不属于串，它的作用是避免串与常数或与标识符混淆；a_i（$1 \leqslant i \leqslant n$）可以是字母、数字或其他字符；串中所包含的字符个数称为该串的长度。空串是不包含任何字符的串，其长度为 0。空白串是仅由一个或多个空格组成的串。

串中任意连续字符组成的子序列称为该串的子串。包含子串的串相应地称为主串。通常将子串在主串中首次出现时，该子串首字符对应的主串中的序号定义为子串在主串中的序号（或位置）。

【例 4.1】设 A 和 B 分别为 A="This is a string"、B="is"。

由题意可知，B 是 A 的子串，且 B 在 A 中出现了两次。其中，B 在 A 中首次出现时对应的主串中的序号是 3，因此称 B 在 A 中的序号（或位置）是 3。

4.1.2 串的基本运算

很多高级语言提供了相应的运算符或标准的库函数来实现串的基本运算。下面仅介绍几种在 VC++6.0 开发环境中 C 语言常用的串运算，其他的串运算见 C 语言的 string.h 文件。为方便叙述，我们先定义几个变量：

```
char s1[20]="www",s2[20]=".js**.edu.cn",s3[30];
```

（1）求串长

int strlen(char *s)　　　　　　　　//求串 s 的长度

例如：printf("%d",strlen(s1));　　　//输出 3

（2）串复制

char *strcpy(char *to,char *from)　　//将 from 串复制到 to 串中

例如：strcpy(s3,s1);　　　　　　　//s3="www"，s1 串不变

（3）串连接

char *strcat(char *to,char *from)　　//将 from 串连接到 to 串末尾

例如：strcat(s1,s2);　　　　　　　//s1=www.js**.edu.cn

（4）串比较

int strcmp(char *s1,char *s2)　　　//比较 s1 和 s2 的大小，当 s1<s2、s1>s2 和

　　　　　　　　　　　　　　　//s1=s2 时，分别返回小于 0、大于 0 和等于 0 的值

例如：result=strcmp("that","this"); //result<0

result=strcmp("320201","320201"); //result=0

result=strcmp("lenovo","huawei"); //result>0

4.2 串的存储结构

串的存储结构包括顺序存储结构和链式存储结构。

微课 4-3：串的
存储结构

4.2.1 串的顺序存储结构

串的顺序存储就是把串所包含的字符序列依次存入连续的存储单元，也就是用向量来存储串。串的顺序存储结构示意图如图 4-2 所示，C 语言中以字符"\0"表示字符串的结束。

图 4-2 串的顺序存储结构示意图

动画 4-1：串的
顺序存储结构

顺序串的存储结构类型定义如下：

```
typedef struct
{    char ch[MAXLEN];        //MAXLEN 为向量大小
     int len;               //len 为已存储字符的数量
}SeqString;
```

4.2.2 串的链式存储结构

和顺序表一样，顺序串的插入和删除操作也不方便，需要移动大量的字符。因此，我们可用单链表的方式来存储串值。串的这种链式存储结构简称为链串。链串与单链表的差异仅在于链串的节点数据域为单个字符。串的链式存储结构示意图如图 4-3 所示。

动画 4-2：串的
链式存储结构

图 4-3 串的链式存储结构示意图

链串的存储结构类型定义如下：

```
typedef struct node
{
    char data;
    struct node *next;
}LinkStrNode;  //节点类型
```

微课 4-4：子串
的定位运算

4.2.3　子串的定位运算

子串的定位运算类似于串的基本运算中的字符定位运算，只不过是查找子串而不是找字符在主串中首次出现的位置。子串定位运算又称串的模式匹配或串匹配。

在串匹配中，一般将主串称为目标串，子串称为模式串。假设 T 为目标串、P 为模式串，且设：

$$T="t_0t_1t_2...t_{n-1}" \qquad P="p_0p_1p_2...p_{m-1}"(0 < m \leq n)$$

串匹配就是根据合法的位置（又称合法的位移）$i(0 \leq i \leq n-m)$，依次将目标串中的子串"$t_it_{i+1}...t_{i+m-1}$"和模式串"$p_0p_1p_2...p_{m-1}$"进行比较。

① 若"$t_it_{i+1}...t_{i+m-1}$"="$p_0p_1p_2...p_{m-1}$"，则称从位置 i 开始的匹配成功，或称 i 为有效位移。

动画 4-3：
顺序串匹配
过程

② 若"$t_it_{i+1}...t_{i+m-1}$"≠"$p_0p_1p_2...p_{m-1}$"，则称从位置 i 开始的匹配失败，或称 i 为无效位移。

因此，串匹配问题可简化为找出某给定模式串 P 在给定目标串 T 中首次出现的有效位移。顺序串匹配算法过程示意图如图 4-4 所示。

图 4-4　顺序串匹配算法过程示意图

顺序串匹配具体算法如下：

```
int StrMatch(SeqString T,SeqString P)
{ //找模式串 P 在目标串 T 中首次出现的位置，成功则返回第 1 个有效位移，否则返回-1
    int i,j,k;
    int m=P.length;  //模式串长度
    int n=T.length;  //目标串长度
    for(i=0;i<=n-m;i++) //0<=i<=n-m 是合法的位移
    {
        j=0;k=i;
        while(j<m&&T.ch[k]==P.ch[j])  //用 while 循环判定 i 是否为有效位移
        {
            k++;j++;
        }
        if(j==m)            //即 T[i…i+m-1]=P[0…m-1]
            return i;       //i 为有效位移，否则查找下一个位移
    }
```

```
    return -1;//找不到有效位移，匹配失败
}
```

有了串的基本概念、串的基本运算、串的顺序存储结构、子串的定位运算等相关知识的储备，接下来就可以完成实例的设计了。

实例分析与实现

1. 实例分析

要统计单词的个数，先要解决如何判别一个单词，具体做法是从输入行的开头，一个字符一个字符地去判别。假定把一篇英文短文放在数组 *S* 中，那么相当于从 *S*[0]开始逐个检查数组元素，经过一个空格或者若干个空格字符之后找到的第一个字母就是一个单词的开头，此时利用一个计数器 num 进行累加 1 运算，在此之后若连续读到的是非空格字符，则这些字符都属于刚统计到的那个单词，因此不应该将计数器 num 进行累加 1，下一次计数应该是在读到一个空格或者若干个空格字符之后再遇到非空格字符开始。因此，统计一个单词时不仅要满足当前所检查的这个字符是非空格字符，而且要满足所检查字符的前一个字符是空格字符。

2. 项目代码

代码清单 4.1:

```
#include "stdio.h"
#include "string.h"
typedef struct  //字符串结构体定义
{
    char ch[1000];
    int len;
}SeqString;
int numwords(SeqString s)
{
    char prec=' ';
    char nowc;
    int num=0,i;
    for(i=0;i<s.len;i++)
    {
        nowc=s.ch[i];
        if((nowc!=' ')&&(prec==' '))  //判断当前字符为非空格字符，前一个字符为空格字符
            num++;
        prec=nowc;
    }
    return num;
}
main()
```

```
{
    SeqString s;
    int num;
    char st[1000]={"To a large degree, the measure of our peace of mind
        is determined by how much we are able to live on the present
        moment. Irrespective of what happened yesterday or last year,
        and what may or may not happen tomorrow, the present moment is
        where you are always!"};
    strcpy(s.ch,st);        //将串 st 复制给串 s
    s.len=strlen(st);       //将串 st 的长度赋给串 s 的 len
    puts(st);               //输出串
    num=numwords(s);
    printf("英文短文中单词个数为:%d\n",num);
}
```

3．结果验证

结果验证如图 4-5 所示。

图 4-5　结果验证

　　该实例主要涉及串的基本运算、串的顺序存储结构、子串的定位运算等知识，通过对下面进阶案例的学习，读者可以更好地利用字符串的知识解决实际问题。

进阶案例——程序的文本编辑

1．案例介绍

　　文本编辑应用程序用于源程序的输入和修改，公文书信、报刊和书籍的编辑排版等。常用的文本编辑应用程序有 Edit、WPS、Word 等。文本编辑的实质是修改字符数据的形式和格式，虽然各个文本编辑应用程序的功能不同，但基本操作是一样的，都包括串的查找、插入和删除等操作。

　　为了方便编辑，可以用分页符和换行符将文本分为若干页，每页有若干行。我们把文本当作一个字符串，并称之为文本串，页是文本串的子串，行是页的子串。假设有下列程序：

```
main(){
    float a,b,max;
    scanf("%f,%f",&a,&b);
    if(a>b) max=a;
    else max=b;
}
```

2. 案例分析

我们可以将以上程序看成一个文本串，输入后内存中的文本串结构如图 4-6 所示，图中 "↙" 为换行符。

m	a	i	n	(	)	{	↙	f	l	o	a	t		a	,
b	,	m	a	x	;	↙	s	c	a	n	f	(	"	%	f
,	%	f	"	,	&	a	,	&	b	)	;	↙	i	f	(
a	>	b	)		m	a	x	=	a	;	↙	e	l	s	e
	m	a	x	=	b	;	↙	}	↙						

图 4-6 内存中的文本串结构

为了管理文本串的页和行，在进行文本编辑的时候，编辑程序会先为文本串建立相应的页表和行表，即建立各子串的存储映像。页表的每一项给出了页号和该页的起始行号。而行表的每一项则指示每一行的行号、起始地址和该行子串的长度。假设图 4-6 所示的文本串只占一页，且起始行号为 1，起始地址为 1000，则该文本串的行表如图 4-7 所示。

行号	起始地址	长度
1	1000	8
2	1008	15
3	1023	22
4	1045	15
5	1060	12
6	1072	2

图 4-7 文本串的行表

在文本编辑应用程序中设立页指针、行指针和字符指针，分别用于指示当前操作的页、行和字符。如果在某行内插入或删除若干字符，则要修改行表中该行的长度。若该行的长度超出了分配给它的存储空间，则要为该行重新分配存储空间，同时还要修改该行的起始位置。如果要插入或删除一行，则涉及行表的插入或删除。若被删除的行是所在页的起始行，则还要修改页表中相应页的起始行号。为了查找方便，行表是按行号递增顺序存储的，因此，对行表进行的插入或删除操作需移动操作位置以后的全部表项。页表的维护与行表类似，在此不详细讲述。由于访问是以页表和行表作为索引的，因此在进行行和页的删除操作时，可以只对行表和页表进行相应的修改，不必删除所涉及的字符，这样可以节省时间。

本章小结

本章首先描述了统计一篇英文短文中单词的个数实例；然后介绍了串的定义和基本运算、串的存储结构，以及子串的定位运算；最后进行了实例的分析、程序设计与结果验证，还进行了进阶案例的分析与实现。其中串的基本运算和串的存储结构是重点内容，串的模式匹配运算是难点内容。

通过本章的学习，读者应该能理解串的定义及基本运算；熟练掌握串的顺序存储结构和串的模式匹配算法设计与实现；掌握串的链式存储结构，并能够运用本章知识解决实际应用问题。

同步训练

一、填空题

1. 空串是_____，长度为_____。
2. 两个串相等的充分必要条件是_____。
3. 串的两种最基本的存储方式是_____和_____。

二、选择题

1. 空串与空白串（　　　）。

   A. 相同　　　　　　B. 不相同　　　　　　C. 可能相同　　　　　D. 无法确定

2. 若串 s1="hello"、s2=" world"，那么执行 strlen(strcat(s1,s2))后的结果是（　　　）。

   A. 0　　　　　　　B. 10　　　　　　　C. 11　　　　　　　D. 无法确定

三、算法设计题

已知一个串 s，设计一个算法来统计串 s 中某个字符出现的次数。

第 5 章　二维数组及广义表的结构分析与应用

学习目标

- 熟练掌握二维数组的行优先和列优先两种存储结构及求址方法。
- 了解特殊矩阵的特点，并掌握特殊矩阵的存储形式及基本运算。
- 了解广义表的概念及相关术语。
- 掌握广义表的取表头和取表尾的基本运算。

实例描述——数据的压缩存储

已知二维数组 A[5][5] 中存放着图 5-1 所示的数据，该二维数组中的元素沿主对角线完全对称，如何将数组中的元素进行压缩存储，即只存储下半三角（包括主对角线）的元素，并且输入数组的行号和列号后，可以输出压缩存储后对应元素的值？该实例涉及二维数组的存储结构、对称矩阵的存储结构等知识。

图 5-1　二维数组

知识储备

5.1 二维数组的存储结构及求址方法

1. 二维数组的存储结构

二维数组 A_{mn} 可视为由 m 个行向量组成的向量，或由 n 个列向量组成的向量。二维数组中的每个元素 a_{ij} 既是属于第 i 行的行向量，又是属于第 j 列的列向量。二维数组的存储示意图如图 5-2 所示。

图 5-2　二维数组的存储示意图

由于计算机的内存结构是一维的，因此用一维内存来表示二维数组时，必须按某种次序将数组元素排成一个线性序列，然后将这个线性序列按顺序存放在存储器中。

① 行优先存储：数组元素按行向量排列，第 i+1 个行向量紧接在第 i 个行向量后面，二维数组 A_{mn} 的按行优先存储的线性序列为 $a_{11},a_{12},\dots,a_{1n}$, $a_{21},a_{22},\dots,a_{2n},\dots,a_{m1},a_{m2},\dots,a_{mn}$。

② 列优先存储：数组元素按列向量排列，第 i+1 个列向量紧接在第 i 个列向量后面，二维数组 A_{mn} 的按列优先存储的线性序列为 $a_{11},a_{21},\dots,a_{m1}$, $a_{12},a_{22},\dots,a_{m2},\dots,a_{1n},a_{2n},\dots,a_{mn}$。

2. 二维数组的求址方法

（1）按照行优先求址公式

$$LOC(a_{ij})=LOC(a_{11})+[(i-1)\times n+j-1]\times d$$

（2）按照列优先求址公式

$$LOC(a_{ij})=LOC(a_{11})+[(j-1)\times m+i-1]\times d$$

在上述公式中，$LOC(a_{11})$ 是开始节点的存放地址，d 为每个元素所占的存储单元数。

5.2 矩阵的压缩存储

在数值分析中经常会出现一些高阶矩阵，在这些高阶矩阵中有许多值相同的元素或者零元素，为了节省存储空间，可以对这类矩阵采用多个值相同的元素只分配一个存储空间，有时零元素不存储的存储策略。这样的存储策略称为矩阵的压缩存储。

5.2.1 特殊矩阵

特殊矩阵是指非零元素或零元素的分布有一定规律的矩阵。常见的特殊矩阵有对称矩阵和三角矩阵等。

微课 5-2：特殊
矩阵及求址方法

1. 对称矩阵

在一个 n 阶方阵 A 中，若元素满足 $a_{ij}=a_{ji}$（$0 \leqslant i,j \leqslant n-1$），则称 A 为对称矩阵。图 5-3 所示是一个 4 阶的对称矩阵。对称矩阵沿着主对角线对称，所以我们只需要存储下半三角（包括主对角线）的元素，其行优先存放示意图如图 5-4 所示，即按 $a_{00},a_{10},a_{11},\ldots,a_{n-1,0},a_{n-1,1},\ldots,a_{n-1,n-1}$ 的次序存放在一个向量 $sa[0\ldots n(n+1)/2-1]$ 中（下三角矩阵中，元素总数为 $n(n+1)/2$）。其中，$sa[0]=a_{00},sa[1]=a_{10},\ldots,sa[n(n+1)/2-1]=a_{n-1,n-1}$。

图 5-3　4 阶的对称矩阵

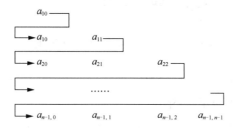

图 5-4　对称矩阵的行优先存放示意图

按照行优先存储时，a_{ij} 和 $sa[k]$ 之间的对应关系如下：

$$k=i\times(i+1)/2+j, \ 0 \leqslant k < n(n+1)/2$$

2. 三角矩阵

以主对角线划分三角矩阵，可划为上三角矩阵和下三角矩阵两种。

① 上三角矩阵：它的下三角（不包括主对角线）中的元素均为常数 C，如图 5-5（a）所示。

② 下三角矩阵：与上三角矩阵相反，它的主对角线上方的元素均为常数 C，如图 5-5（b）所示。

注意：在多数情况下，三角矩阵中的常数 C 为零。

图 5-5　三角矩阵示意图

三角矩阵中的重复元素 C 可共享一个存储空间，其余的元素正好有 $n\times(n+1)/2$ 个，因此，三角矩阵可压缩存储到向量 $sa[0\ldots n(n+1)/2]$ 中，其中常数 C 存放在向量的最后一个分量中。

（1）上三角矩阵中 a_{ij} 和 $sa[k]$ 之间的对应关系

上三角矩阵中，主对角线之上的第 p 行（$0\leqslant p<n$）恰有 $n-p$ 个元素，按行优先的顺序存放上三角矩阵中的元素 a_{ij} 时，a_{ij} 元素前有 i 行(从第 0 行到第 i-1 行)，一共有 $(n-0)+(n-1)+(n-2)+\ldots+(n-i)=i\times(2n-i+1)/2$ 个元素；在第 i 行上，a_{ij} 之前恰有 $j-i$ 个元素，即 $a_{ij},a_{i,j+1},\ldots,a_{i,n-1}$，因此有 $sa[i\times(2n-i+1)/2+j-i]=a_{ij}$，所以

$$k=\begin{cases}i\times(2n-i+1)/2+j-i & i\leqslant j\\ n\times(n+1)/2 & i>j \quad //常数C的存储位置\end{cases}$$

（2）下三角矩阵中 a_{ij} 和 $sa[k]$ 之间的对应关系

$$k=\begin{cases}i\times(i+1)/2+j & i\geqslant j\\ n\times(n+1)/2 & i<j \quad //常数C的存储位置\end{cases}$$

5.2.2　稀疏矩阵

1. 稀疏矩阵的定义

微课 5-3：稀疏
矩阵的存储结构

设矩阵 A_{mn} 中有 s 个非零元素，若 s 远小于矩阵元素的总数，即 $s\ll m\times n$，则称矩阵 A 为稀疏矩阵。例如，图 5-6（a）所示的稀疏矩阵对应的三元组表如图 5-6（b）所示。

动画 5-3：稀疏
矩阵存储

$$A_{4\times4}=\begin{pmatrix}0 & 0 & 5 & 0\\ 0 & 3 & 0 & 0\\ 0 & 6 & 0 & 7\\ 0 & 0 & 0 & 9\end{pmatrix}$$

	i	j	v
0	0	2	5
1	1	1	3
2	2	1	6
3	2	3	7
4	3	3	9
...	...	...	...

（a）稀疏矩阵　　　　　　　　　　　　（b）三元组表

图 5-6　稀疏矩阵及其对应的三元组表

2. 三元组表

为了节省存储单元，采用稀疏矩阵的压缩存储方式时，可只存储非零元素。由于非零元素的分布一般是没有规律的，因此在存储非零元素的同时，还必须存储非零元素所在的行号、列号。这样才能迅速确定一个非零元素是矩阵中的哪一个元素。稀疏矩阵的压缩存储会失去随机存取功能。其中每一个非零元素所在的行号、列号和值组成一个三元组(i,j,a_{ij})，根据三元组可以唯一确定某个非零元素。将表示稀疏矩阵的非零元素的三元组按行优先（或列优先）的顺序排列（跳过零元素），并依次存放在向量中，这种稀疏矩阵的顺序存储结构称为三元组表。

5.3 广义表的概念

微课 5-4：
广义表的概念及
运算

广义表（List，又称列表）是线性表的推广，也可以说是线性和非线性之间的一种过渡结构。简单来说，广义表中放松了对表元素的原子限制，允许它们具有其自身结构。

1. 广义表定义

广义表是由 n（$n \geqslant 0$）个元素 $a_1,a_2,\ldots,a_i,\ldots,a_n$ 组成的有限序列。

① a_i 表示原子或者一个广义表。

② 广义表通常记作：**Ls**$=(a_1,a_2,\ldots,a_i,\ldots,a_n)$。

③ **Ls** 是广义表的名字，n 为它的长度。

④ 若 a_i 是广义表，则称它为 **Ls** 的子表。

注意：①广义表通常用圆括号括起来，用逗号分隔其中的元素；②为了区分原子和广义表，书写时用大写字母表示广义表，用小写字母表示原子；③若广义表 **Ls** 非空（$n \geqslant 1$），则 a_1 是 **Ls** 的表头，其余元素（$a_2,\ldots,a_i,\ldots,a_n$）组成的表称为 **Ls** 的表尾。

2. 广义表表示

（1）广义表常用表示

① **E**=()：**E** 是一个空表，其长度为 0。

② **L**=(a,b)：**L** 是长度为 2 的广义表，它的两个元素都是原子，因此它是一个线性表。

③ **A**=(x,**L**)=(x,(a,b))：**A** 是长度为 2 的广义表，第一个元素是原子 x，第二个元素是子表 **L**。

④ **B**=(**A**,y)=((x,(a,b)),y)：**B** 是长度为 2 的广义表，第一个元素是子表 **A**，第二个元素是原子 y。

⑤ **C**=(**A**,**B**)=((x,(a,b)),((x,(a,b)),y))：广义表 **C** 的长度为 2，两个元素都是子表。

⑥ **D**=(a,**D**)=(a,(a,(a,(…))))：广义表 **D** 的长度为 2，第一个元素是原子，第二个元素是 **D** 自身，展开后它是一个无限的广义表。

（2）广义表的深度

一个表的"深度"是指表展开后所含括号的层数。

【例 5.1】表 *L*、*A*、*B*、*C* 的深度分别为 1、2、3、4，表 *D* 的深度为 ∞。

（3）广义表的图形表示

图中的分支节点对应广义表，非分支节点一般是原子。

【例 5.2】图 5-7 给出了几个广义表的图形表示。

（a）*L*=（a,b）　　（b）*A*=（x,*L*）　　（c）*B*=（*A*,y）　　（d）*C*=（*A*,*B*）　　（e）*D*=（a,*D*）

图 5-7　广义表的图形表示

3. 广义表运算

广义表的两个基本运算：取表头 head(Ls)和取表尾 tail(Ls)。根据表头、表尾的定义可知：任何一个非空广义表的表头是表中的第一个元素，它可以是原子，也可以是子表；而其表尾必定是子表（除了第一个元素以外其他元素的集合）。

【例 5.3】head(L)=a，tail(L)=(b)，head(B)=A，tail(B)=(y)。

由于 tail(L)是非空表，可继续分解得到 head(tail(L))=b，tail(tail(L))=()。

有了二维数组的存储结构、对称矩阵的压缩存储等相关知识的储备，接下来就可以完成实例的设计了。

实例分析与实现

1. 实例分析

实例描述中图 5-1 所示的二维数组属于对称矩阵，对称矩阵只需要存储下半三角（包括主对角线）的元素。在此，我们采用行优先存储，具体实现步骤如下。

① 定义两个数组，一个二维数组用于存储压缩前对称矩阵中的所有元素，另一个一维数组用于存储压缩后对称矩阵中的下三角（包括主对角线）的元素。

② 输入二维数组中的所有元素，同时根据行优先存储的对应关系，将下半三角元素存储到一维数组中。

③ 输出压缩后的一维数组中的所有元素和对应位置（下标）。

④ 输入原对称矩阵中的行号和列号，根据行优先存储的对应关系，输出该元素在压缩后的一维数组中的位置（下标）。

2. 项目代码

代码清单 5.1：

```c
#include "stdio.h"
void duichen()
{
    int i,j,k,n;
    int L[100][100],SA[100];
    printf("请输入您要压缩矩阵的行列数:");
    scanf("%d",&n);
    printf("请输入矩阵内元素：\n");
    for(i=1;i<n+1;i++)
        for(j=1;j<n+1;j++)
        {
            scanf("%d",&L[i][j]);
            if(i>=j)
                k=i*(i-1)/2+j-1;
            else
                k=j*(j-1)/2+i-1;
            SA[k]=L[i][j];
        }
    printf("压缩存储后：\n");
    for(k=0;k<n*(n+1)/2;k++)
        printf("%d %d\n",k,SA[k]);
    printf("请输入未压缩时所在行数:");
    scanf("%d",&i);
    printf("请输入未压缩时所在列数:");
    scanf("%d",&j);
    if(i>=j)
        k=i*(i-1)/2+j-1;
    else
        k=j*(j-1)/2+i-1;
    printf("压缩存储后的地址为:%d,值为%d\n",k,SA[k]);
}
main()
{
    duichen();
}
```

3. 结果验证

结果验证如图 5-8 所示。

该实例主要涉及二维数组的存储结构、对称矩阵的压缩存储，通过对下面进阶案例的学习，读者可以更好地掌握和应用广义表的表示、广义表的运算等知识。

图 5-8　结果验证

进阶案例——m 元多项式设计

1. 案例介绍

在第 2 章中，我们已介绍过一元多项式的应用实例，与一元多项式相比，m 元多项式的每一项最多有 m 个变元。如果用线性表来表示，则每个数据元素需要 $m+1$ 个数据项，用以存储一个系数值和 m 个指数值。这将产生两个问题，一是无论多项式中各项的变元有多少个，若都按 m 个变元分配存储空间，则将造成浪费；反之，若按各项实际的变元数分配存储空间，则会造成节点的大小不均匀，给操作带来不便。二是对 m 值不同的多项式，线性表中的节点大小也不同，这同样会引起存储管理的不便。因此，由于 m 元多项式中每一项的变化数目的不均匀性和变元信息的重要性，故不适合用线性表表示。例如，三元多项式为：

$$P(x,y,z)=x^{10}y^3z^2+2x^6y^3z^2+3x^5y^2z^2+x^4y^4z+6x^3y^4z+2yz+15$$

其中各项的变元数目不尽相同，而 y^3、z^2 等因子又多次出现，如改写为：

$$P(x,y,z)=((x^{10}+2x^6)y^3+3x^5y^2)z^2+((x^4+6x^3)y^4+2y)z+15$$

此时情况就不同了，我们再来看这个多项式 P，它是变元 z 的多项式，即 $Az^2+Bz+15z^0$，只是其中 A 和 B 本身又是一个 (x,y) 的二元多项式，15 是 z 的零次项的系数。进一步细化

$A(x,y)$，可把它看成 y 的多项式，即 Cy^3+Dy^2，而其中 C 和 D 为 x 的一元多项式。依此类推，每个多项式都可看作由一个变量加上若干个系数指数偶对组成。

2. 算法设计

任何一个 m 元多项式都可以做如下操作：先分解出一个主变元，再分解出第二个变元，依此类推。由此，一个 m 元多项式首先是它的主变元的多项式，然后其系数又是第二变元的多项式，故可用广义表来表示 m 元多项式。例如上述三元多项式可用广义表表示，广义表的深度即为变元个数：

$P=z((A,2),(B,1),(15,0))$
其中：$A=y((C,3),(D,2))$

$C=x((1,10),(2,6))$

$D=x((3,5))$

$B=y((E,4),(F,1))$

$E=x((1,4),(6,3))$

$F=x((2,0))$

可用广义表的链式结构来定义表示 m 元多项式的存储结构。链表的节点结构为：

tag=1	exp	hp	tp

表节点

tag=0	exp	coef	tp

原子节点

其中 exp 为指数域，coef 为系数域，hp 指向其系数子表，tp 指向同一层的下一个节点。其结构体类型定义如下：

```
typedef struct MpNode
{
    ElemTag tag;
    int exp;
    union{
        float coef;
        struct MpNode *hp;
    };
    struct MpNode *tp;
}*MpList;
```

该三元多项式的存储结构如图 5-9 所示，在每一层上增设一个表头节点并利用 exp 指示该层的变元，可用一维数组存储多项式中的所有变元。因此 exp 域存储的是该变元在一维数组中的下标。头指针 p 所指表节点中 exp 的值 3 为多项式中变元的个数。可见，这种存储结构可表示任意元的多项式。

图 5-9　三元多项式的存储结构

本章小结

本章首先描述了数据的压缩存储实例；然后介绍了二维数组的行优先和列优先存储结构及求址方法、对称矩阵和三角矩阵的存储结构、稀疏矩阵的存储结构，以及广义表的概念及运算；最后进行了实例的分析、程序设计与结果验证，还进行了进阶案例的分析与实现。其中二维数组的行优先和列优先存储结构及求址方法是重点内容，稀疏矩阵的存储结构和广义表的运算是难点内容。

通过本章的学习，读者应该能理解二维数组及广义表的概念；熟练掌握二维数组的行优先和列优先存储结构及求址方法；掌握对称矩阵、三角矩阵、稀疏矩阵的存储结构及广义表的运算，并能够运用本章知识解决实际应用问题。

同步训练

一、填空题

1. 假设以列优先存储二维数组 $A[5][8]$，其中元素 $A[0][0]$ 的存储地址为 $LOC(a_{00})$，且每个元素占 4 个存储单元，则元素 $A[i][j]$ 的存储地址为＿＿＿＿＿＿＿＿＿。

2. 已知广义表 $Ls=((a,x,y,z),(b,c))$，运用 head 和 tail 函数取出原子 c 的算法是＿＿＿＿＿＿
＿＿＿＿＿。

3. 设广义表 $L((),())$，则 head(L)是＿＿＿＿＿＿＿＿，tail(L)是＿＿＿＿＿＿＿，L 的长度是＿＿＿＿＿＿。

4. 设对称矩阵 A 压缩存储在一维数组 B 中，其中矩阵的第一个元素 a_{11} 存储在 $B[0]$，元素 a_{52} 存储在 $B[11]$，则元素 a_{36} 存储在＿＿＿＿＿＿＿。

二、选择题

1. 二维数组 $A[20][10]$ 采用列优先的存储方法，若每个元素占两个存储单元，且第一个元素的首地址为 200，则元素 *A*[8][9]的存储地址为（　　　）。

  A．574   B．576   C．578   D．580

2．稀疏矩阵的压缩存储方法通常采用（　　　）。

  A．二元组   B．三元组   C．散列   D．都可以

三、算法设计题

1．设计一个算法，求二维数组 A_{nn} 两条对角线上的元素之和。

2．设计一个算法，实现在 $n×n$ 方阵里填入 1,2,3,…,$n×n$，要求以蛇形填入元素。例如 $n=4$ 时，方阵如图 5-10 所示。

10	11	12	1
9	16	13	2
8	15	14	3
7	6	5	4

图 5-10　4×4 方阵

第❻章 树和二叉树的结构分析与应用

学习目标

- 了解树的定义及基本术语。
- 熟练掌握二叉树的性质、存储结构及各种遍历算法。
- 理解并掌握二叉树线索化的过程。
- 熟练掌握哈夫曼树的构造方法及哈夫曼树编码。
- 掌握树的各种存储结构及特点。
- 掌握树、森林与二叉树之间的转换方法。

实例描述——家族家谱的设计

在日常生活当中，家族中经常有家谱。图 6-1 所示的家谱共有 4 代人，其中李丙方属于最高辈分，李长春、李博宇和李泽宇属于最低辈分，那么我们如何存储家谱中的人员信息和人员之间的关系呢？例如：若输入李泽宇，则输出其父亲李刚；若输入李树林，则输出其孩子李丁香、李贵和李军。该实例涉及树的定义、双亲的概念、孩子的概念、树的双亲表示法等知识。

图 6-1　家族家谱图

拓展阅读 5：
尊老爱幼传统
美德

知识储备

微课 6-1：树的
概念及基本术语

6.1 树的概念

在现实生活中，存在很多可用树形结构描述的实际问题。树形结构是一类重要的非线性结构。树形结构是节点之间有分支，并具有层次关系的结构。树形结构的描述如图 6-2 所示，图 6-2（b）中倒着的大树就是我们本章要研究的树形结构。常见的家族的家谱结构（见图 6-3）、学院的部门结构（见图 6-4）等都可以利用树形结构来描述。

（a）

动画 6-1：树和
家族的结构描述

（b）

图 6-2 树形结构描述图

图 6-3 家族的家谱结构

图 6-4 学院的部门结构

1. 树的定义

树是 n（$n \geq 0$）个节点的有限集 T，T 为空时称为空树，不为空时则必须满足如下两个条件：①有且仅有一个特定的称为根（Root）的节点；②其余的节点可分为 m（$m \geq 0$）个互不相交的子集 $T_1, T_2, \ldots, T_m$，其中每个子集本身又是一棵树，称为根的子树（Subtree）。树一般采用树形图来表示，树的示例如图 6-5 所示。

2. 树形结构的基本术语

（1）节点的度

树中的一个节点拥有的子树（孩子）的数量称为该节点的度。图 6-5 所示的节点 A 的度为 3。一棵树的度是指该树中节点的最大度数。度为零的节点称为叶子（Leaf）或终端节点，图 6-5 所示的节点 I、J、H 等都为叶子。度不为零的节点称为分支节点或非终端节点，图 6-5 所示的节点 B、D、F 等都为分支节点。树或者子树最上面那个节点称为该树或者该子树的根，图 6-5 所示的节点 A 为树的根。

第一层　第二层　第三层　第四层

图 6-5　树的示例

（2）孩子和双亲

树中某个节点的子树的根称为该节点的孩子，相应地，该节点称为孩子的双亲或父亲。同一个双亲的孩子称为兄弟。图 6-5 所示的节点 B 为节点 A 的孩子，节点 A 为节点 B 的双亲，节点 B 和节点 D 互为兄弟。

（3）祖先和子孙

① 路径（Path）：若树中存在一个节点序列 $k_1,k_2,...,k_j$，使得 k_i 是 k_j 的双亲（$1 \leqslant i < j$），则称该节点序列是从 k_1 到 k_j 的一条路径或道路。路径的长度指路径所经过的边的数目，等于 $j-1$。

② 祖先和子孙：若树中节点 K 到节点 S 存在一条路径，则称节点 K 是节点 S 的祖先，节点 S 是节点 K 的子孙。图 6-5 所示的节点 A 为节点 F 的祖先，节点 F 为节点 A 的子孙。

（4）节点的层数和树的高度

节点的层数从根起算，根的层数为 1，其余节点的层数等于其双亲节点的层数加 1。双亲在同一层的节点互为堂兄弟。树中节点的最大层数称为树的高度或深度。图 6-5 所示的树的高度为 4。

（5）森林

森林是 m（$m \geqslant 0$）棵互不相交的树的集合。图 6-6 所示为 3 棵树组成的森林。

图 6-6　3 棵树组成的森林

6.2　二叉树

二叉树是树形结构的一个重要类型，许多实际问题抽象出来的数据结构往往是二叉树的形式，而且一般的树也能简单地转换为二叉树。此外，二叉树的存储结构及其算法都较为简单。由此可见，二叉树特别重要。二叉树的实例演示如图 6-7 所示，假设一个父亲最多只能有两个孩子，而且分左孩子和右孩子。

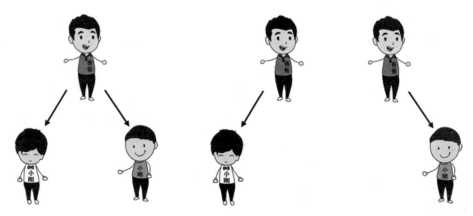

图 6-7　二叉树的实例演示

6.2.1　二叉树的定义

二叉树是 n（$n \geq 0$）个节点的有限集，它可以是空集（$n=0$）或由一个根节点及两棵互不相交的左子树和右子树组成，左、右子树分别又是一棵二叉树。在二叉树中，每个节点最多只能有两棵子树，并且有左右之分。

二叉树的 5 种基本形态如图 6-8 所示。

微课 6-2：
二叉树的定义及
形态

图 6-8　二叉树的 5 种基本形态

6.2.2　二叉树的性质

在讲解二叉树的性质之前先介绍一下满二叉树和完全二叉树的概念，满二叉树和完全二叉树是二叉树的两种特殊形态。

满二叉树的定义：一棵深度为 k，有且仅有 2^k-1 个节点的二叉树。其特点是二叉树每一层上节点的个数都达到最大值，如图 6-9 所示。

完全二叉树的定义：相对于满二叉树来说，完全二叉树允许最下层上的节点都集中在该层最左边的若干位置上，右侧可以缺少节点。其特点是在满二叉树的最下层上，从最右边开始连续删去 n（$n \geq 0$）个节点后得到的二叉树是一棵完全二叉树，如图 6-10 所示。

微课 6-3：
满二叉树和完全
二叉树

注意： 满二叉树一定是完全二叉树，完全二叉树不一定是满二叉树。

图 6-9　满二叉树　　　　　　图 6-10　完全二叉树

微课 6-4：
二叉树的性质

二叉树的性质如下。

性质 1：二叉树第 i 层上的节点数最多为 2^{i-1}（$i \geq 1$）个。例如，二叉树的第三层上最多有 4 个节点。

性质 2：深度为 k 的二叉树最多有 2^k-1 个节点（$k \geq 1$）。例如，深度为 4 的二叉树最多有 15 个节点。

性质 3：在任意一棵二叉树中，若叶子节点的个数为 n_0，度为 2 的节点的个数为 n_2，则有 $n_0=n_2+1$ 这样的关系成立。例如，二叉树共有 100 个节点，叶子节点为 30 个，求度为 1 的节点的个数是多少？通过性质 3，可以得出度为 2 的节点有 29 个，所以度为 1 的节点有 100-30-29=41 个。

性质 4：具有 n 个节点的完全二叉树的深度为 $\lfloor \log_2 n \rfloor$+1（$\lfloor \ \rfloor$ 符号的作用是截去小数部分后取整）。例如，具有 9 个节点的完全二叉树的深度为 $\lfloor \log_2 9 \rfloor$+1=4。

微课 6-5：
二叉树的顺序
存储结构

6.2.3　二叉树的存储结构

1. 顺序存储结构

该方法是把二叉树的所有节点按照一定的线性次序存储到连续的存储单元中。节点在这个序列中的相互位置还能反映出节点之间的逻辑关系。顺序存储结构的实例演示如图 6-11 所示，爷爷坐在 1 号座位，大伯坐在 2 号座位，爸爸坐在 3 号座位，以此类推，小花坐在 7 号座位，其中小明和小丽是大伯的孩子，小刚和小花是爸爸的孩子。

（1）完全二叉树的顺序存储结构

在一棵具有 n 个节点的完全二叉树中，从树根起，自上层到下层，每层从左至右，给所有节点编号，能得到一个反映整个二叉树结构的线性序列，节点编号的完全二叉树示意图如图 6-12 所示。

假设编号为 i 的节点是 K_i（$1 \leq i \leq n$），则有如下结论。

① 若 $i>1$，则 K_i 的双亲编号为 $\lfloor i/2 \rfloor$；若 $i=1$，则 K_i 是根节点，无双亲。

② 若 $2i \leq n$，则 K_i 的左孩子的编号是 $2i$；否则，K_i 无左孩子，即 K_i 必定是叶子。

（a）家谱结构图　　　　　　　　　　（b）家谱座位图

图 6-11　顺序存储结构的实例演示

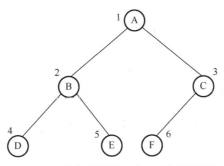

图 6-12　节点编号的完全二叉树示意图

③ 若 $2i+1 \leqslant n$，则 K_i 的右孩子的编号是 $2i+1$；否则，K_i 无右孩子。

④ 若 i 为奇数且不为 1，则 K_i 的左兄弟的编号是 $i-1$，否则，K_i 无左兄弟。

⑤ 若 i 为偶数且小于 n，则 K_i 的右兄弟的编号是 $i+1$，否则，K_i 无右兄弟。

动画 6-2：完全二叉树的顺序存储结构

完全二叉树顺序存储结构示意图如图 6-13 所示，a[0]中存放节点的个数，从 a[1]开始顺序存储节点信息。

下标	0	1	2	3	4	5	6
数组a	6	A	B	C	D	E	F

图 6-13　完全二叉树的顺序存储结构示意图

（2）一般二叉树的顺序存储结构

① 给一般二叉树添上一些"虚节点"，其中"虚节点"用"◎"表示，使其成为完全

二叉树。

② 为了用节点在向量中的相对位置来表示节点之间的逻辑关系，按完全二叉树形式给节点编号。

图 6-14 所示的带有虚节点的一般二叉树的顺序存储结构示意图如图 6-15 所示。

图 6-14 带有虚节点的一般二叉树

动画 6-3：一般二叉树的顺序存储结构

下标	0	1	2	3	4	5	6
数组a	4	A	B	C	⊘	⊘	D

图 6-15 一般二叉树的顺序存储结构示意图

微课 6-6：二叉树的链式存储结构

2. 链式存储结构

图 6-14 所示的二叉树有 4 个节点，但占用了 7 个存储单元，所以树的这种形态不适合采用顺序存储结构，而且进行节点的插入和删除操作需要移动大量的节点，顺序存储方式更不可取，因此我们来介绍一下链式存储结构。二叉树的每个节点最多有两个孩子，用连接方式存储二叉树时，每个节点除了存储节点本身的数据外，还应设置两个指针域 lchild 和 rchild，分别指向该节点的左孩子和右孩子。链式存储结构的实例演示如图 6-16 所示，爸爸和孩子随机坐在座位上，爸爸用两只手指向两个孩子。

动画 6-4：一个爸爸照看两个孩子

图 6-16 链式存储结构的实例演示

图 6-17 所示为二叉树的链式存储结构示意图，节点的结构如下：

lchild	data	rchild

类型定义如下：

```
typedef struct node
{
      char data;
      struct node *lchild, *rchild;      //左、右孩子指针
}BTreeNode;                              //节点类型
```

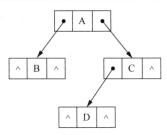

图 6-17　二叉树的链式存储结构示意图

下面给出以二叉链表作为存储结构构造二叉树的算法，该算法采用完全二叉树编号的方法存储每个节点的地址，每个节点信息又采用链式结构存储。算法设置一个一维数组 *Q*，用来存储每个节点的地址值，*Q*[*i*]中存放对应编号为 *i* 的节点的地址值。

```
BTreeNode *create()
{
    BTreeNode *s;
    BTreeNode *q[MaxSize];       // MaxSize 指根据需要设定大小
    int i,j;
    char x;
    printf("i,x=");
    scanf("%d,%c",&i,&x);
    if(i==0)                     //空二叉树
        q[1]=NULL;
    while(i!=0&&x!='$')
    {
        s=(BTreeNode *)malloc(sizeof(BTreeNode));
        s->data=x;
        s->lchild=NULL;
        s->rchild=NULL;
        q[i]=s;
        if(i!=1)                 //非根节点，寻找双亲节点的地址
        {
            j=i/2;               //j 为双亲节点的地址
            if(i%2==0)           //左孩子
```

```
                q[j]->lchild=s;
        else  //右孩子
                q[j]->rchild=s;
    }
    printf("i,x=");
    scanf("%d,%c",&i,&x);
  }
  return q[1];
}
```

程序运行后，输入 1、A 时，数组和链式存储结构的形态如下：

动画 6-5：

二叉链表构造

二叉树 　　　输入 2、B 时，数组和链式存储结构的形态如下：

输入 3、C 时，数组和链式存储结构的形态如下：

输入 6、D 时，数组和链式存储结构的形态如下：

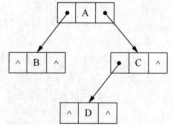

6.3 　二叉树的遍历

　　遍历是指沿着某条搜索路径，依次对树中每个节点均做一次且仅做一次访问。访问节点所做的操作依赖于具体的应用问题。遍历是二叉树上最重要的运算之一，是在二叉树上进行其他运算的基础。遍历二叉树的实例演示如图 6-18 所示，如果我们要浏览"数据结构"文件夹的所有内容，首先单击"数据结构"文件夹，会看到"教案"和"试题"两个文件夹，然后单击"教案"文件夹，会看到"ppt 格式.ppt"和"word 格式.docx"文件，最后单击"试题"文件夹，会看到"期末试题.docx"和"期中试题.docx"文件。这个过程就是文件的遍历。

图 6-18 遍历二叉树的实例演示

按照根、左子树和右子树的先后顺序可以将遍历分为先序、中序和后序 3 种。先序遍历过程为访问根、遍历左子树、遍历右子树；中序遍历过程为遍历左子树、访问根、遍历右子树；后序遍历过程为遍历左子树、遍历右子树、访问根；遍历左、右子树的时候仍然要按照相应的遍历过程进行递归遍历。图 6-10 所示的完全二叉树对应的遍历过程如图 6-19 中序号顺序所示，先序遍历结果为 ABDECF，中序遍历结果为 DBEAFC，后序遍历结果为 DEBFCA。下面分别介绍这 3 种遍历的算法。

动画 6-6：二叉树的先序遍历　　动画 6-7：二叉树的中序遍历　　动画 6-8：二叉树的后序遍历

（a）先序遍历过程　　（b）中序遍历过程　　（c）后序遍历过程

图 6-19 遍历过程描述图

① 先序遍历算法如下：

```
void preorder(BTreeNode *bt)
{
    if(bt!=NULL)
    {
        printf("%c ",bt->data);
        preorder(bt->lchild);
```

微课 6-7：二叉树的先序遍历

```
        preorder(bt->rchild);
    }
}
```

微课 6-8：
二叉树的中序
遍历

② 中序遍历算法如下：

```
void inorder(BTreeNode *bt)
{
    if(bt!=NULL)
    {
        inorder(bt->lchild);
        printf("%c ",bt->data);
        inorder(bt->rchild);
    }
}
```

微课 6-9：
二叉树的后序
遍历

③ 后序遍历算法如下：

```
void postorder(BTreeNode *bt)
{
    if(bt!=NULL)
    {
        postorder(bt->lchild);
        postorder(bt->rchild);
        printf("%c ",bt->data);
    }
}
```

④ 主程序如下：

```
main()
{
  BTreeNode *bt;
  bt=create();
  printf("先序递归遍历结果：");
  preorder(bt);
  printf("\n中序递归遍历结果：");
  inorder(bt);
  printf("\n后序递归遍历结果：");
  postorder(bt);
}
```

微课 6-10：线索
二叉树

6.4 线索二叉树

当用二叉链表作为二叉树的存储结构时，因为每个节点中只有指向其左、右孩子节点的指针域，所以从任一节点出发只能直接找到该节点的左、右孩子，而一般情况下无法直接找到该节点在某种遍历序列中的前趋节点和后继节点信息，这将大大降低存储空间的利用率。利用空指针域，存放指向节点在某种遍历次序下的前趋节点和后继节点的指针，这种附加的指针称为"线索"，对应的二叉树称为线索二叉树（Threaded Binary Tree）。将二叉树变为线索二叉树的过程称为线索化。

为了区分一个节点的指针域是指向其孩子的指针，还是指向其前趋节点或后继节点的线索，可在每个节点中增加两个标志域，此时线索链表中的节点结构如下：

lchild	ltag	data	rtag	rchild

其中：

左标志 ltag= $\begin{cases} 0：\text{lchild 是指向节点的左孩子的指针} \\ 1：\text{lchild 是指向节点的前趋节点的左线索} \end{cases}$

右标志 rtag= $\begin{cases} 0：\text{rchild 是指向节点的右孩子的指针} \\ 1：\text{rchild 是指向节点的后继节点的右线索} \end{cases}$

类型定义如下：

```
typedef struct node
{
    char data;                      //数据域
    int ltag,rtag;                  //标志域
    struct node *lchild, *rchild;   //左、右孩子指针
}BThrNode;                          //节点类型
```

动画 6-9：
二叉树的中序
线索化

1. 举例说明中序线索二叉树及其存储结构

例如，图 6-12 所示的二叉树对应的中序线索二叉树及其存储结构如图 6-20 所示，节点 E 在中序线索二叉树中的后继节点是节点 A。

图 6-20　中序线索二叉树及其存储结构

2. 查找某节点*p 在中序线索二叉树中的后继节点

在中序线索二叉树中，查找节点*p 的中序后继节点分两种情形。

① 若*p 的右子树为空（即 p->rtag 为 1），则 p->rchild 为右线索，直接指向*p 的中序后继节点。

② 若*p 的右子树不为空（即 p->rtag 为 0），则*p 的中序后继节点必是其右子树中第一个中序遍历到的节点。也就是从*p 的右孩子开始，沿该孩子的左链往下查找，直至找到一个没有左孩子的节点为止，该节点是*p 的右子树中"最左下"的节点，即*p 的中序后继节点。

查找某节点在中序线索二叉树中的后继节点的具体算法如下：

```
BThrNode *InorderSuccessor(BThrNode *p)
{//在中序线索二叉树中找节点*p 的后继节点，设指针 p 不为空
  BThrNode *q;
  if (p->rtag==1)       //*p 的右子树为空
      return p->rchild;//返回右线索所指的中序后继节点
  else
  {
      q=p->rchild;      //从*p 的右孩子开始查找
      while(q->ltag==0)
          q=q->lchild; //左子树不为空时，沿左链往下查找
      return q;         //当 q 的左子树为空时，它就是"最左下"的节点
  }
}
```

假设 p 指针指向图 6-20 中的 F 节点，执行下面的代码，后继节点就是 p->rchild，即 C 节点：

```
if(p->rtag==1)
    return p->rchild;
```

假设 p 指针指向图 6-20 中的 A 节点，执行下面的代码，q 指向右孩子 C 节点，C 节点有左孩子，q 再指向 C 节点的左孩子 F 节点，因为 F 节点没有左孩子了，所以 p 的后继就是 F 节点：

```
else
{
  q=p->rchild;
  while(q->ltag==0)
      q=q->lchild;
  return q;
}
```

6.5 树和森林

本节主要介绍树或森林与二叉树的相互转换、树的两种存储方法，以及树和森林的遍历等内容。

6.5.1　树或森林与二叉树的相互转换

在树或森林与二叉树之间有一个自然的一一对应关系。任何一个森林或一棵树可唯一地对应到一棵二叉树；反之，任何一棵二叉树也能唯一地对应到一个森林或一棵树。

微课 6-11：树和
森林转换为
二叉树

1. 树转换为二叉树

步骤如下。

① 将所有兄弟节点用线连接起来。

② 每个节点只保留与其长子（左起第一个孩子）的连线，并去掉该节点与其他孩子的连线。

③ 将水平线顺时针旋转 45 度。

图 6-21 所示为树转换为二叉树的过程示意图。

动画 6-10：树
转换为二叉树

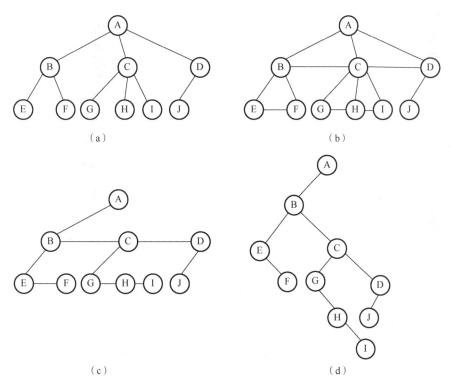

图 6-21　树转换为二叉树的过程示意图

2. 森林转换为二叉树

步骤如下。

① 将每棵二叉树的根节点视为兄弟从左至右连在一起。

② 其他节点按照树转换为二叉树的方法操作。

图 6-22 所示为森林转换为二叉树的过程示意图。

动画 6-11：森林
转换为二叉树

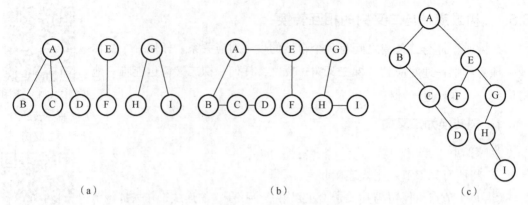

（a）　　　　　　　　（b）　　　　　　　　（c）

图 6-22　森林转换为二叉树的过程示意图

微课 6-12：
二叉树转换为
森林

动画 6-12：
二叉树转换为
森林

3. 二叉树转换为森林

步骤如下。

① 若节点 x 是双亲 y 的左孩子，则把 x 的右孩子、右孩子的右孩子……都与 y 用线连接起来。

② 去掉所有双亲到右孩子的连线。

图 6-23 所示为二叉树转换为森林的过程示意图。

（a）　　　　　　　　（b）　　　　　　　　（c）

图 6-23　二叉树转换为森林的过程示意图

微课 6-13：树的
双亲表示法

6.5.2　树的存储结构

1. 双亲表示法

双亲表示法考虑树中每个节点的双亲是唯一的性质，利用顺序存储结构在存储节点信息的同时，为每个节点附设一个域——parent 来存储其双亲的下标，根没有双亲，所以其 parent 域存储的是-1。

类型定义如下：

```
typedef struct
```

```
{
    DataType data;  //节点数据
    int parent;      //双亲指针，指示节点的双亲在向量中的位置
}PTreeNode;
typedef struct
{
    PTreeNode nodes[MaxTreeSize];
    int n; //节点总数
}PTree;
```

图 6-21（a）所示的树对应的双亲表示法如图 6-24 所示。

动画 6-13：树的
双亲表示法

下标	0	1	2	3	4	5	6	7	8	9
data	A	B	C	D	E	F	G	H	I	J
parent	-1	0	0	0	1	1	2	2	2	3

图 6-24 树的双亲表示法

2. 孩子链表表示法

微课 6-14：树的
孩子链表表示法

如果按照二叉链表那样，在一个节点中设置若干个指针指向该节点的孩子，由于树中节点的孩子个数不能确定，因此难以确定每个节点设置多少个指针为宜。考虑到这个因素，比较合适的方法就是孩子链表表示法。该方法是为树中每个节点设置一个孩子链表，并将这些节点及相应的孩子链表的头指针存放在一个顺序结构中。

类型定义如下：

```
typedef struct Cnode          //孩子链表节点
{
    int child;                 //孩子节点在顺序结构中对应的序号
    struct Cnode *next;
}CNode;
typedef struct
{
    DataType data;             //存放树中的节点数据
    CNode *firstchild;         //孩子链表的头指针
}PTNode;
typedef struct
{
    PTNode nodes[MaxTreeSize]; //MaxTreeSize 为总大小
    int n, root;               //n 为节点总数
}CTree;
```

图 6-21（a）所示的树对应的孩子链表表示法如图 6-25 所示。

图 6-25 树的孩子链表表示法

动画 6-14：树的
孩子链表表示法

微课 6-15：树和
森林的遍历

6.5.3 树和森林的遍历

1. 树的遍历

由于树中的节点可以有超过两个的子树，无法确定根的访问顺序，因此树的遍历不包括中序遍历，只包括先序遍历和后序遍历。

（1）先序遍历

步骤如下。

① 访问根节点。

② 从左到右依次先序遍历根的各子树。

图 6-26 所示树的先序遍历结果为 ABEFCGHIDJ。

图 6-26 树的示意图

（2）后序遍历

步骤如下。

① 从左到右依次后序遍历根的各子树。

② 访问根节点。

图 6-26 所示树的后序遍历结果为 EFBGHICJDA。

2．森林的两种遍历方法

（1）先序遍历

步骤如下。

① 访问森林中第一棵树的根节点。

② 先序遍历第一棵树中根节点的各子树。

③ 先序遍历除第一棵树外的其他树构成的森林。

（2）后序遍历

步骤如下。

① 后序遍历森林中第一棵树中根节点的各子树。

② 访问森林中第一棵树的根节点。

③ 后序遍历除第一棵树外的其他树构成的森林。

注意：森林的遍历方法相当于依次遍历第一棵树、第二棵树、……、第 n 棵树。

6.6　哈夫曼树及其应用

本节主要介绍哈夫曼树的定义、哈夫曼树的构造方法，以及哈夫曼树编码等内容。

6.6.1　哈夫曼树的定义

1．路径和路径长度

在一棵树中，从一个节点往下可以到达孩子或子孙节点的通路，称为路径。通路中分支的数目称为路径长度。若规定根节点的层数为 1，则从根节点到第 L 层节点的路径长度为 $L-1$。

微课 6-16：
哈夫曼树的定义

2．节点的权及带权路径长度

若给树中节点赋予一个有着某种含义的数值，则这个数值称为该节点的权。节点的带权路径长度为从根节点到该节点之间的路径长度与该节点的权的乘积。

3．树的带权路径长度

树的带权路径长度规定为所有叶子节点的带权路径长度之和，记为 WPL。

4．哈夫曼树又称为最优二叉树

给定 n 个权值作为 n 个叶子节点，构造一棵二叉树，若带权路径长度达到最小，则称这样的二叉树为最优二叉树或哈夫曼树（Huffman Tree）。例如，给定 5 个叶子节点 a、b、c、d 和 e 分别带权 8、2、4、15 和 21，构造图 6-27 所示的 3 棵二叉树（也可以构造成其他形状的二叉树），它们的带权路径长度分别为：WPL=8×2+2×2+4×3+15×3+21×2=119；WPL=8×2+2×3+4×2+15×3+21×2=117；WPL=8×3+2×4+4×4+15×2+21×1=99。

其中最后一棵树的 WPL 最小，可以验证，它就是哈夫曼树。

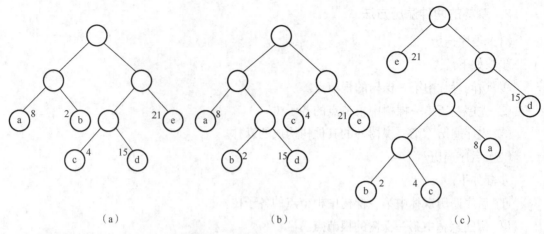

（a）　　　　　　　　　（b）　　　　　　　　　（c）

图 6-27　具有不同 WPL 的二叉树

6.6.2　哈夫曼树的构造方法

哈夫曼树的构造方法如下。

第 1 步：将给定的权值 $W_1, W_2, \ldots, W_n$ 的节点构造成森林 $F = \{T_1, T_2, \ldots, T_n\}$。

第 2 步：选择森林中两个权值最小的节点合并为新节点，原有两个节点作为新节点的左右孩子，然后从森林中删除这两个节点，将新节点加入森林中。

第 3 步：重复执行第 2 步，直到森林中只剩下一个节点为止。

例如，给定 5 个叶子节点 a、b、c、d 和 e 分别带权 8、2、4、15 和 21，图 6-28 所示为构造哈夫曼树的整个过程。

微课 6-17：
哈夫曼树的构造

动画 6-15：
哈夫曼树的构造

（a）初始森林　　　　　　　　　　　（b）第一次合并

（c）第二次合并　　　　　　　　　　（d）第三次合并

图 6-28　构造哈夫曼树的过程

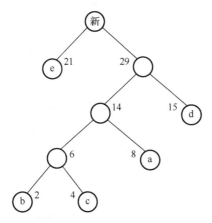

（e）最终构造的哈夫曼树

图 6-28　构造哈夫曼树的过程（续）

6.6.3　哈夫曼树编码

由于哈夫曼树是带权路径长度最小的二叉树，所以经常应用于数据压缩。在计算机信息处理中，"哈夫曼编码"是一种一致性编码法，用于数据的无损耗压缩。这一术语是指使用一张特殊的编码表对源字符（例如某文件中的一个符号）进行编码。这张编码表的特殊之处在于，它是根据每一个源字符出现的估算概率建立起来的（出现概率高的字符使用较短的编码，出现概率低的字符则使用较长的编码，这便使编码之后的字符串的平均期望长度降低，从而达到无损压缩数据的目的）。例如，在英文中，e 的出现概率很高，而 z 的出现概率最低，当利用哈夫曼编码对一篇英文进行压缩时，e 极有可能用一个位（bit）来表示，而 z 则可能花去 25 个位。用普通的表示方法时，每个英文字母均占用一个字节（byte），即 8 个位。二者相比，e 使用了一般编码的 1/8 的长度，z 则使用了 3 倍多的长度。倘若我们能实现对英文中各个字母出现概率的较准确的估算，就可以大幅度提高无损压缩的比例。

微课 6-18：
哈夫曼树编码

哈夫曼树编码的具体方法如下。

第 1 步：用字符作为叶子节点，构造一棵哈夫曼树。

第 2 步：将树中左分支和右分支分别标记为 0 和 1。

第 3 步：将从根节点到叶子节点的路径上的标记依次相连，作为该叶子节点所表示字符的编码。

例如，图 6-28（e）中的哈夫曼树的编码过程如图 6-29 所示。

编码结果：a 字符为 101，b 字符为 1000，c 字符为 1001，d 字符为 11，e 字符为 0。

相反，如果给定一串编码 100010111，可以得到字符串 bad。

有了树的定义、双亲的概念、孩子的概念、树的双亲表示法等相关知识的储备，接下来就可以完成实例的设计了。

动画 6-16：

哈夫曼树编码

图 6-29　哈夫曼树编码过程

实例分析与实现

1. 实例分析

　　家族家谱属于树形结构，我们可以采用双亲表示法存储家谱数据，首先确定家族家谱中的总人数，然后根据人数定义结构体类型，每个节点应该包含姓名和双亲两个域，创建家谱就是输入姓名和双亲编号，创建家谱后的存储结构如图 6-30 所示。若要输出某人的父亲，首先要输入某人姓名，找到此人后记录下双亲编号，然后通过双亲编号输出父亲姓名；若要输出某人的孩子，首先要输入某人姓名，找到此人后记录下此人对应的下标，然后输出双亲等于该下标的孩子姓名。

	0	1	2	3	4	5	6	7	8	9
姓名	李丙方	李树林	李树河	李树涛	李丁香	李贵	李军	李刚	李雪	…
双亲	-1	0	0	0	1	1	2	2	2	…

图 6-30　创建家谱后的存储结构

2. 项目代码

代码清单 6.1：

```c
#include "stdio.h"
#include "string.h"
typedef struct
{
    char name[8];      //人员姓名
    int parent;        //父亲下标
}PTreeNode;
typedef struct
{
    PTreeNode nodes[100];
    int n;             //人员总数
```

```
}PTree;
PTree  people;          //全局变量
//创建家谱
void createTree()
{
    int i;
    printf("请输入家谱总人数:");
    scanf("%d",&people.n);
    for(i=0;i<people.n;i++)
    {
        printf("请输入姓名和父亲编号:");
        scanf("%s%d",people.nodes[i].name,&people.nodes[i].parent);
    }
}
//输出某人的父亲
void Parent()
{
    char nam[8];
    int parent,i;
    printf("请输入要查找的人员姓名(查找此人的父亲):");
    getchar();
    gets(nam);
    for(i=0;i<people.n;i++)
    {
        if(strcmp(people.nodes[i].name,nam)==0)
        {
            parent=people.nodes[i].parent;
            if(parent==-1)
            {
                printf("此人为最高辈分!\n");
                break;
            }
            printf("此人的父亲为:%s\n",people.nodes[parent].name);
            break;
        }
    }
    if(i==people.n)
        printf("没有此人!\n");
}
//输出某人的孩子
void Child()
{
    char nam[8];
```

```
    int parent,i,j,tag=0;
    printf("请输入要查找的人员姓名(查找此人的孩子):");
    gets(nam);
    for(i=0;i<people.n;i++)
    {
        if(strcmp(people.nodes[i].name,nam)==0)
        {
            parent=i;
            for(j=i+1;j<people.n;j++)
            {
                if(people.nodes[j].parent==parent)
                {
                    printf("此人的孩子为:%s \n",people.nodes[j].name);
                    tag=1;  //有孩子
                }
            }
                if(tag==0)
                    printf("此人没有孩子!\n");
                break;
        }
    }
    if(i==people.n)
        printf("没有此人!\n");
}
main()
{
    createTree();    //调用创建家谱的函数
    Parent();        //调用输出某人的父亲的函数
    Child();         //调用输出某人的孩子的函数
}
```

3. 结果验证（见图 6-31）

图 6-31　结果验证

98

　　该实例主要涉及树的定义、双亲的概念、孩子的概念、树的双亲表示法等知识，通过对下面进阶案例的学习，读者可以更好地掌握和应用哈夫曼树的构造、哈夫曼树编码等知识。

进阶案例——数据加密与解密

拓展阅读 6：
大国工匠精神

1. 案例介绍

　　日常工作中经常有一些重要的文件，为了保证其安全性，通常需要对其进行加密处理，使用时再进行解密处理。例如，有一个文本文件 important.txt，内容由英文字母、英文逗号、英文句点、空格和回车符组成，要求加密的文件解密后与原文件完全一致，important.txt 文件内容如图 6-32 所示。

```
important.txt - 记事本
文件(F)  编辑(E)  格式(O)  查看(V)  帮助(H)
To a large degree, the measure of our peace of mind
is determined by how much we are able to live on
the present moment. Irrespective of what happened
yesterday or last year, and what may or may not
happen tomorrow, the present moment is where you
are always.
```

图 6-32　important.txt 文件内容

2. 案例分析

　　这里采用哈夫曼树的方法实现对数据进行加密和解密运算。首先，读取记事本中的内容，将每一个字符存储到一个字符数组中，将不同种类的字符存储到一个字符数组中，统计不同字符的个数，这样就确定了哈夫曼树中节点的总数，利用选择排序法对不同种类的字符进行从小到大排序；然后，统计每一个字符出现的次数（区分大小写字母），对哈夫曼树进行初始化，并将每个节点权值（字符出现的次数）写入；最后，进行哈夫曼树的构造和编码，按照哈夫曼树的编码对文件进行加密和解密运算。

3. 项目代码

代码清单 6.2：

```c
#include "stdio.h"
#include "string.h"
#define n 56      //52 个大小写字母、2 个标点符号、1 个空格、1 个回车符
#define m 2*n-1  //哈夫曼树中节点总数的最大值
#define max 10000
int n1,m1,size[n];
char charset[n];
char str[max+1],BM[max*n+1],str1[max+1];
typedef struct
{
```

```c
    int weight;
    int lchild,rchild,parent;
}HtNode;
typedef HtNode HuffmanTree[m];
typedef struct
{
    char ch;
    char bits[n+1];
}CodeNode;
typedef CodeNode HuffmanCode[n];
//读取文件内容
void ReadFile()
{
    FILE *fp;
    char ch,temp;
    int i=0,j=0,k=0;
    fp=fopen("important.txt","r");        //打开文件
    if(fp==NULL)
    {
        printf("该文件不能打开!\n");
        return;
    }
    while((ch=fgetc(fp))!=EOF)
    {
        if(i==0) charset[j++]=ch;
        str[i++]=ch;
        for(k=0;k<j;k++)
            if(ch==charset[k])            //重复出现的字符
                break;
        if(k==j)
            charset[j++]=ch;
    }
    fclose(fp);//关闭文件
    str[i]='\0';
    charset[j]='\0';
    for(i=0;i<n;i++)
        if(charset[i])
            n1++;                         //统计不同字符的个数
    m1=2*n1-1;                            //哈夫曼树中节点的个数
    for(i=0;i<n1-1;i++)
    {
        k=i;
        for(j=i+1;j<=n1-1;j++)
```

100

```
                if(charset[j]<charset[k]) k=j;
        if(k!=i)
        {
                temp=charset[k];charset[k]=charset[i];charset[i]=temp;
        }
    }
    puts(charset);
}
//统计各个字符的个数
void Count()
{
    int i;
    for(i=0;str[i];i++)
    {
        if(str[i]==10)              //判断是否属于回车符
                size[0]++;
        if(str[i]==32)              //判断是否属于空格
                size[1]++;
        if(str[i]==44)              //判断是否属于英文逗号
                size[2]++;
        if(str[i]==46)              //判断是否属于英文句点
                size[3]++;
        if(str[i]>=65&&str[i]<=90)  //判断是否属于大写字母
                size[str[i]-65+4]++;
        if(str[i]>=97&&str[i]<=122) //判断是否属于小写字母
                size[str[i]-97+30]++;
    }
}
//哈夫曼树初始化
void InitHuffmanTree(HuffmanTree T)
{
    int i;
    for(i=0;i<m1;i++)
    {
        T[i].weight=0;
        T[i].lchild=-1;
        T[i].rchild=-1;
        T[i].parent=-1;
    }
}
//权值写入
void WriteWeight(HuffmanTree T)
{
```

```
    int i=0,j,k=0;
    for(i=0;i<n1;i++)
       for(j=k;j<n;j++)
           if(size[j])
           {
               T[i].weight=size[j];
               k=j+1;
               break;
           }
}
//选择两个权值最小的节点
void SelectMin(HuffmanTree T,int i,int *p1,int *p2)
{
    int min1=999999;
    int min2=999999;
    int j;
    for(j=0;j<=i;j++)
       if(T[j].parent==-1)
          if(T[j].weight<min1)
          {
              min2=min1;
              min1=T[j].weight;
              *p2=*p1;
              *p1=j;
          }
          else if(T[j].weight<min2)
          {

              min2=T[j].weight;
              *p2=j;
          }
}
//构造哈夫曼树
void CreateHuffmanTree(HuffmanTree T)
{
    int i,p1,p2;
    InitHuffmanTree(T);
    WriteWeight(T);
    for(i=n1;i<m1;i++)
    {
      SelectMin(T,i-1,&p1,&p2);
      T[p1].parent=T[p2].parent=i;
      T[i].lchild=p1;
      T[i].rchild=p2;
```

```
        T[i].weight=T[p1].weight+T[p2].weight;
    }
}
//哈夫曼树编码
void HuffmanEncode(HuffmanTree T,HuffmanCode H)
{
    int c,p,i;
    char cd[n+1];   //存放编码
    int start;
    cd[n1]='\0';
    for(i=0;i<n1;i++)
    {
        H[i].ch=charset[i];
        start=n1;
        c=i;
        while((p=T[c].parent)>=0)
        {
            cd[--start]=(T[p].lchild==c)?'0':'1';
            c=p;
        }
        strcpy(H[i].bits,&cd[start]);
    }
}
//文件加密
void WriteFile(HuffmanCode H)
{
    FILE *fp;
    int i,j,k,s=0;
    for(i=0;str[i];i++)
        for(j=0;j<n;j++)
            if(str[i]==H[j].ch)
            {
                for(k=0;H[j].bits[k];k++)
                    BM[s++]=H[j].bits[k];
            }
    BM[s]='\0';
    fp=fopen("jiami.txt","w");    //打开文件
    if(fp==NULL)
    {
        printf("该文件不能打开!\n");
        return;
    }
    fprintf(fp,"%s",BM);
```

```
    fclose(fp);
}
//文本解密
void DecryFile(HuffmanTree T,HuffmanCode H)
{
    FILE *fp;
    char ch;
    int i=0,s=0;
    fp=fopen("jiami.txt","r");    //打开文件
    if(fp==NULL)
    {
        printf("该文件不能打开!\n");
        return;
    }
    i=2*n1-2;
    while((ch=fgetc(fp))!=EOF)
    {
        if(ch=='0')
            i=T[i].lchild;
        if(ch=='1')
            i=T[i].rchild;
        if(i<n1)         //叶子节点
        {
            str1[s++]=H[i].ch;
            i=2*n1-2;
        }
    }
    fclose(fp);
    fp=fopen("jiemi.txt","w");//打开文件
    if(fp==NULL)
    {
        printf("该文件不能打开!\n");
        return;
    }
    fprintf(fp,"%s",str1);
    fclose(fp);
}
main()
{
    int i;
    HuffmanTree T;
    HuffmanCode H;
    ReadFile();
```

```
    printf("读取文本文件内容为:\n");
    puts(str);
    Count();
    CreateHuffmanTree(T);
    HuffmanEncode(T,H);
    WriteFile(H);
    printf("文件加密完成!\n");
    printf("加密后的文件内容为:\n");
    puts(BM);
    printf("每个字符编码为:\n");
    for(i=0;i<n1;i++)
        printf("%c\t\t%d\t\t%s\n",H[i].ch,T[i].weight,H[i].bits);
    DecryFile(T,H);
    printf("文件解密完成!\n");
    printf("解密后的文件内容为:\n");
    puts(str1);
}
```

本章小结

本章首先描述了家族家谱的设计实例；然后介绍了树和二叉树的基本概念及相关术语、二叉树的性质和存储结构、二叉树的遍历算法、二叉树线索化过程、树和森林与二叉树之间的转换方法，以及哈夫曼树的构造及应用，最后进行了实例的分析、程序设计与结果验证，并进行了进阶案例的分析与实现。其中二叉树的性质、存储结构和遍历算法是重点内容，哈夫曼树的构造及应用是难点内容。

通过本章的学习，读者应该能熟练掌握二叉树的定义、二叉树的性质和存储结构；理解并掌握二叉树的 3 种遍历算法；能完成树和森林与二叉树之间的相互转换；能根据给定的数据集合构造出哈夫曼树，并能够运用本章知识解决实际应用问题。

同步训练

一、填空题

1. 若一个节点的度为 0，则称该节点为_____。

2. 深度为 3 的二叉树最多有_____个节点。

3. 一棵含有 50 个节点的二叉树，度为 0 的节点个数为 5 个，度为 1 的节点个数为_____。

4. 已知完全二叉树的第 4 层有两个节点，则其叶子节点数是_____。

5. 若一棵哈夫曼树有 19 个节点，则其叶子节点的个数为_____。

6. 假设用<*x*,*y*>表示树的边（其中 *x* 是 *y* 的双亲），已知一棵树的边集为{<*b*,*d*>,<*a*,*b*>,

$<c,g>,<c,f>,<c,h>,<a,c>$}，则该树的度是_____。

二、选择题

1. 以二叉链表作为二叉树的存储结构，在具有 n（$n>0$）个节点的二叉链表中，空链域的个数为（　　）。

    A. $2n-1$　　　　　　B. $n-1$　　　　　　C. $n+1$　　　　　　D. $2n+1$

2. 下列描述正确的是（　　）。

    A. 二叉树是度为 2 的有序树

    B. 二叉树中节点只有一个孩子时无左、右孩子之分

    C. 二叉树中必有度为 2 的节点

    D. 二叉树中最多只有两棵子树，并且有左、右子树之分

3. 下面不是完全二叉树的是（　　）。

A.　　　　　　　　　　　　　　　　　　　B.

C.　　　　　　　　　　　　　　　　　　　D.

 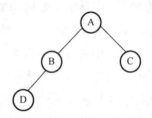

4. 将一棵有 100 个节点的完全二叉树从上到下、从左到右依次对节点进行编号，根节点的编号为 1，则编号为 49 的节点的左孩子编号为（　　）。

    A. 99　　　　　　　B. 98　　　　　　　C. 48　　　　　　　D. 50

5. 已知一棵二叉树的先序遍历序列为 EFHIGJK，中序遍历序列为 HFIEJGK，则该二叉树根的右子树的根是（　　）。

    A. E　　　　　　　B. F　　　　　　　C. G　　　　　　　D. J

6. 若由树转换得到的二叉树是非空的二叉树，则二叉树形状是（　　）。

    A. 根节点无右子树的二叉树　　　　　　B. 根节点无左子树的二叉树

    C. 根节点可能有左子树和右子树　　　　D. 各节点只有一个孩子的二叉树

7. 哈夫曼树是访问叶节点的带权路径长度（　　）的二叉树。

    A. 最小　　　　　　B. 最大　　　　　　C. 可变　　　　　　D. 不定

三、应用题

1. 完成图 6-33 所示二叉树的先序、中序和后序遍历，并写出遍历结果。

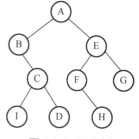

图 6-33　二叉树

2. 已知字符集合 {*A,B,C,D,E*}，给定相应权值为 12、8、6、3、5，构造相应的哈夫曼树及编码。

3. 请画出图 6-33 所示二叉树对应的森林。

四、程序填空

利用二叉链存储方式建立一棵二叉树，请将下面的程序补充完整，使得程序转向（逆时针转 90°）输出二叉树，并输出先序、中序和后序遍历序列，以及输出度为 1 的节点个数。运行该程序，输入一串字符：ABC,,,DEF,,,GHI,,,,（19 个字符）。写出运行结果。

```
typedef struct node
{ char data;
  struct node *lchild;
  struct node *rchild;
}BTreeNode,*BiTree;
void PrintBiTree(BiTree root,int n)
{ int i;
  if(root==NULL) return;
  PrintBiTree(root->rchild,n+1);
  for(i=0;i<n;i++) printf("    ");
  if(n>=0)
  { printf("---");

    _____
  }
  PrintBiTree(root->lchild,n+1);
}
void CreateBiTree(BiTree *bt)
{ char ch;
  ch=getchar();
  if(ch==',')
  *bt=NULL;
  else
     {
     (*bt)->data=ch;
     CreateBiTree(&((*bt)->lchild));
     CreateBiTree(&((*bt)->rchild));
     }
}
void PreOrder(BiTree root)
{ if(root!=NULL)
```

```
  { printf(" %c",root->data);
    PreOrder(root->lchild);
    _____
  }
}
void InOrder(BiTree root)
{ if(root!=NULL)
  { InOrder(root->lchild);
    printf(" %c",root->data);
    InOrder(root->rchild);
  }
}
void PostOrder(BiTree root)
{ if(root!=NULL)
  { PostOrder(root->lchild);
    PostOrder(root->rchild);
    printf(" %c",root->data);
  }
}
int datanum(BiTree t)
{   int n1,n2,n=0;
    if(t==NULL) return 0;
    else
      if(t->lchild==NULL&&t->rchild==NULL) n=1;
    n1=datanum(t->lchild);
    n2=datanum(t->rchild);
}
void main()
{ BiTree R;
  printf("\n 请输入数据串:");
  R=(BiTree)malloc(sizeof(BTreeNode));
  _____
  printf("\n\n 树的图形 :\n\n");
  PrintBiTree(R,0);
  getchar();
  printf("\n 先序遍历结果: ");
  PreOrder(R);
  printf("\n 中序遍历结果: ");
  InOrder(R);
  printf("\n 后序遍历结果: ");
  PostOrder(R);
  printf("\n\n 度为1的节点数量: ");
  printf("%d",datanum(R));
```

```
getchar();
}
```

五、算法设计题

1. 设计一个算法，从二叉树中查找给定节点的双亲节点（二叉树采用链式存储结构）。

2. 设计一个算法，统计二叉树中节点的值小于 a 的节点个数（二叉树采用链式存储结构）。

第 **7** 章 图的结构分析与应用

拓展阅读 7：
中国铁路
高质量发展

学习目标

■ 了解图的定义及基本术语。

■ 熟练掌握图的邻接矩阵和邻接表表示法。

■ 熟练掌握图的深度优先和广度优先遍历。

■ 掌握最小生成树实现方法：普里姆算法（Prim）和克鲁斯卡尔（Kruskal）算法。

■ 掌握求单源最短路径的迪杰斯特拉（Dijkstra）算法。

■ 掌握求每对顶点间最短路径的弗洛伊德（Floyd）算法。

实例描述——高铁修建最经济的方案设计

在图 7-1 中，顶点表示城市，边表示两个城市之间修建高铁需要的费用（单位：百亿元），假设城市之间没有修建任何高铁，那么为了把 n 个城市连接起来，最多可修建 $n(n-1)/2$ 条高铁，最少可修建 $n-1$ 条高铁。如果考虑修建造价，而且还要保证每两个城市之间都连通，那么如何选择 $n-1$ 条高铁线路，使得修建高铁的总造价最低呢？该实例涉及图的概念、图的邻接矩阵表示法、普里姆最小生成树算法等知识。

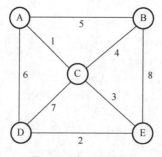

图 7-1　交通图示例

知识储备

7.1 图的概念及相关术语

图也是一种非线性结构，但和树相比，其结构更加复杂。在工程、数学、物理、人工智能和计算机科学等领域中，图结构有着广泛的应用。

在线性结构中，节点之间的关系是线性关系，除开始节点和终端节点外，每个节点只有一个直接前趋或直接后继。在树形结构中，节点之间的关系实质上是层次关系，某一层上的每个节点可以和下一层的零个或多个节点（即孩子）相关，但只能和上一层的一个节点（即双亲）相关（根节点除外）。然而在图形结构中，节点的前趋节点和后继节点的个数都是不加限制的，即节点之间的关系是任意的，图中任意两个节点之间都可能相关。图 7-2 所示为江苏省 5 个城市所形成的图形结构，其中 A 代表淮安市、B 代表盐城市、C 代表南京市、D 代表苏州市、E 代表南通市。

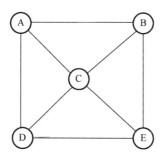

图 7-2　江苏省 5 个城市所形成的图形结构

7.1.1 图的概念

1. 图的定义

微课 7-1：图的相关概念

图 G 由两个集合 V 和 E 组成，记为 $G=(V,E)$，其中 V 是顶点的有穷非空集合，E 是边的有穷集合。通常，也将图 G 的顶点集和边集分别记为 $V(G)$ 和 $E(G)$。若 $E(G)$ 为空，则图 G 只有顶点而没有边。图的示例如图 7-3 所示。

（a）无向图

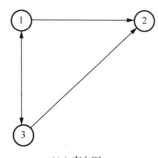

（b）有向图

图 7-3　图的示例

2. 无向图

若图 G 中的每条边都是没有方向的，则称 G 为无向图。无向图中的边均是顶点的无序对，无序对通常用圆括号表示。在图 7-3（a）中，无序对(1,2)和(2,1)表示同一条边。图 7-3（a）为无向图，它们的顶点集和边集分别为：$V(G)$={1,2,3,4}；$E(G)$={(1,2),(1,3),(2,3),(2,4),(3,4)}。

3. 有向图

若图 G 中的每条边都是有方向的，则称 G 为有向图。在有向图中，一条有向边是由两个顶点组成的有序对，有序对通常用尖括号表示。在图 7-3（b）中，<1,3>表示一条有向边，1 是边的始点，3 是边的终点。因此，<1,3>和<3,1>是两条不同的有向边。有向边也称为弧（Arc），边的始点称为弧尾（Tail），终点称为弧头（Head）。图 7-3（b）是有向图，图中边的方向是用从始点指向终点的箭头表示的，该图的顶点集和边集分别为：$V(G)$={1,2,3}；$E(G)$={<1,2>,<1,3>,<3,2>,<3,1>}。

微课 7-2：无向
完全图和有向
完全图

7.1.2　图的相关术语

下面主要介绍无向完全图、有向完全图、顶点的度、子图、路径、简单路径、简单回路、连通、连通图、连通分量、强连通图和强连通分量。

1. 无向完全图

在一个无向图中，如果任意两个顶点之间均有边相连接，则称该图为无向完全图。显然，含有 n 个顶点的无向完全图中有 $n(n-1)/2$ 条边。

2. 有向完全图

在一个有向图中，如果任意两个顶点之间均有方向互为相反的两条边相连接，则称该图为有向完全图。显然，含有 n 个顶点的有向完全图中有 $n(n-1)$ 条边。

动画 7-1：顶点
的度

3. 顶点的度

无向图中顶点 V_i 的度是与该顶点相关联的边的数目，记为 $TD(V_i)$。在图 7-3（a）中，顶点 3 的度为 3，顶点 1 的度为 2。

若为有向图，则把以顶点 V_i 为终点的边的数目称为 V_i 的入度，记为 $ID(V_i)$，把以顶点 V_i 为始点的边的数目称为 V_i 的出度，记为 $OD(V_i)$；顶点 V_i 的度 $TD(V_i)$ 则为该顶点的入度和出度之和，即 $TD(V_i)= ID(V_i)+ OD(V_i)$。在图 7-3（b）中，顶点 1 的度为 3，其中，该顶点的入度为 1，出度为 2。

4. 子图

若图 $G=(V,E)$、$G'=(V',E')$，并且 V' 是 V 的子集、E' 是 E 的子集，则称图 G' 是 G 的一个子图。图 7-4 和图 7-5 是图 7-3 的部分子图。

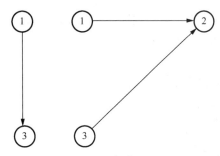

图 7-4 图 7-3（a）的部分子图　　　　图 7-5 图 7-3（b）的部分子图

5. 路径、简单路径和回路

在无向图中，若顶点 V_p 到顶点 V_q 存在一个顶点序列 $V_p,V_1,V_2,…,V_i,V_q$，使得 $(V_p,V_1),(V_1,V_2),…,(V_i,V_q)$ 均属于图中的边，则称 V_p 到 V_q 存在一条路径。在有向图中，若顶点 V_p 到顶点 V_q 存在一个顶点序列 $V_p,V_1,V_2,…,V_i,V_q$，使得 $<V_p,V_1>,<V_1,V_2>,…,<V_i,V_q>$ 均属于图中的边，则称 V_p 到 V_q 存在一条路径。路径长度定义为该路径上边的数目。若 V_p 到 V_q 存在一条路径，并且此路径上除了 V_p 和 V_q 可以相同外，其余顶点均不相同，则称此路径为一条简单路径。起点与终点相同的简单路径称为简单回路或简单环。在图 7-3（a）中，顶点序列 1,2,3,4 是一条从顶点 1 到顶点 4 的长度为 3 的简单路径，顶点序列 1,2,4,3,1 是长度为 4 的简单回路。

6. 连通、连通图和连通分量

若从一个顶点到另一个顶点互有路径，则称两顶点是连通的。在无向图中，若任意两顶点连通，则称该图为连通图。无向图的极大连通子图称为连通分量，连通图的连通分量就是本身，而非连通的无向图有多个连通分量。例如，图 7-3（a）所示是连通图，图 7-6 所示是非连通图，它的连通分量如图 7-7 所示。

动画 7-2：路径、　微课 7-3：连通图
简单路径和回路　　和连通分量

图 7-6 非连通图

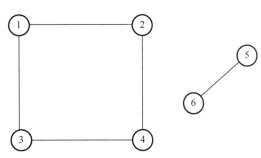

图 7-7 图 7-6 的连通分量

7. 强连通图和强连通分量

在有向图中，若任意两个顶点都连通，则称该图为强连通图。有向图的极大连通子图

称为强连通分量，强连通图的强连通分量就是本身，而非强连通的有向图有多个强连通分量。例如，图7-3（b）所示是非强连通图，它有两个强连通分量，如图7-8所示。

微课7-4：
强连通图和
强连通分量

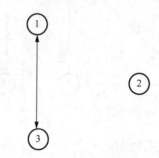

图7-8　图7-3（b）的强连通分量

7.2　图的主要存储方法

图的存储方法很多，但有两种主要的存储方法，分别是邻接矩阵表示法和邻接表表示法。为了适合C语言描述，本节顶点序号从0开始，即$V(G)=\{V_0,V_1,V_2,\ldots,V_{n-1}\}$。

微课7-5：图的
邻接矩阵表示法

7.2.1　邻接矩阵表示法

邻接矩阵是表示顶点之间相邻关系的矩阵。设图G是具有n个顶点的图，无论是有向图还是无向图，图G的邻接矩阵都是具有如下性质的n阶方阵：

$$A[i,j]=\begin{cases} 1 & \text{若}(V_i,V_j)\text{或者}<V_i,V_j>\text{是图中的一条边} \\ 0 & \text{若}(V_i,V_j)\text{或者}<V_i,V_j>\text{不是图中的一条边} \end{cases}$$

图7-9所示的无向图和有向图的邻接矩阵分别为A_1和A_2。

（a）无向图

（b）有向图

图7-9　无向图和有向图

$$A_1=\begin{pmatrix} 0 & 1 & 1 & 0 \\ 1 & 0 & 1 & 1 \\ 1 & 1 & 0 & 1 \\ 0 & 1 & 1 & 0 \end{pmatrix}$$

$$A_2=\begin{pmatrix} 0 & 1 & 1 \\ 0 & 0 & 0 \\ 1 & 1 & 0 \end{pmatrix}$$

以上考虑的是边的邻接矩阵表示法存储，利用二维数组就可以完成，但图还需要考虑到顶点的存储，还需要一个一维数组来完成。图 7-10 所示为图 7-9（a）的顶点存储情况描述。

图 7-10　图 7-9（a）的顶点存储情况描述

该结构的定义如下：

```
typedef struct
{
    VextexType vexs[Num];              // vexs 用于存放顶点信息，VextexType 为数据类型
    EdgeType edges[Num][ Num];         //邻接矩阵，存储边信息
    int n,e;                           //分别代表图的顶点数和边数
}MGraph;                               //结构体类型
```

建立无向图的算法如下：

```
void CreateMGraph(Mgraph *G)
{
    int i,j,k;
    scanf("%d,%d",&G->n,&G->e);        //输入顶点数和边数
    for(i=0;i<G->n;i++)
        G ->vexs[i]=getchar();         //输入顶点信息
    for(i=0;i<G->n;i++)
        for(j=0;j<G->n;j++)
        G->edges[i][ j]=0;             //邻接矩阵初始化
    for(k=0;k<G->e;k++)
    {
        scanf("%d,%d",&i,&j);          //输入边的一对顶点序号
        G->edges[i][ j]=1;
        G->edges[j][ i]=1;
    }
}
```

假设代码运行后，输入 n、e 的值为 3、2；输入顶点信息为 A、B、C；那么边的存储矩阵和顶点的存储数组的初始化状态分别为：

当输入边的顶点序号为 0、1 和 1、2 时，边的存储矩阵分别变为：

动画 7-3：邻接
矩阵表示法

115

$$\begin{pmatrix} 0 & 1 & 0 \\ 1 & 0 & 0 \\ 0 & 0 & 0 \end{pmatrix} \qquad \begin{pmatrix} 0 & 1 & 0 \\ 1 & 0 & 1 \\ 0 & 1 & 0 \end{pmatrix}$$

注意：当输入一对顶点序号时，矩阵中同时产生两个 1，因为无向图中 A 到 B 有一条边，同时 B 到 A 也有一条边。

微课 7-6：图的
邻接表表示法

7.2.2　邻接表表示法

邻接表表示法类似于树的孩子链表表示法。邻接表是图的顺序存储与链式存储结合的存储方法。其中链表结构用于存储边的信息，链表的构成是将所有邻接于顶点 V_i 的顶点连接成一个单链表。这个单链表就是顶点 V_i 的邻接表，邻接表的每个节点包含两部分信息：邻接顶点信息 adjvex（顶点的下标）和指向下一个邻接顶点的指针 next。另外，还要使用一个一维数组来存储顶点的信息，数组元素包含两部分信息：顶点信息 vertex 和指向邻接表的指针 link。邻接表的节点结构如图 7-11（a）所示，一维数组的节点结构如图 7-11（b）所示。

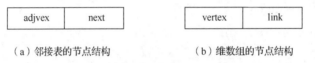

（a）邻接表的节点结构　　　　　（b）维数组的节点结构

图 7-11　邻接表表示图的节点结构

图 7-9（a）和图 7-9（b）的邻接表表示法分别如图 7-12（a）和图 7-12（b）所示。

（a）图7-9（a）无向图的邻接表表示法

（b）图7-9（b）有向图的邻接表表示法

图 7-12　图 7-9 的邻接表表示法

图的邻接表表示法的 C 语言描述如下：

```
typedef struct node    //邻接表节点结构定义
{
    int adjvex;
    struct node *next;
```

```
}Anode;
typedef struct          //顶点数组元素节点结构定义
{
    char vertex;
    Anode * link;
}Vnode;
typedef struct
{
    Vnode adjlist[100];
    int vexnum,arcnum;
}Adjgraph;
```

下面给出使用邻接表表示法存储无向图的算法：

```
Adjgraph creat()
{
  Anode *p;
  int i,s,d;
  Adjgraph ag;
  printf("请输入顶点和边的数量：");
  scanf("%d,%d",&ag.vexnum,&ag.arcnum);
  getchar();   //接收回车符
  for(i=0;i<ag.vexnum;i++)   //输入顶点信息
  {
      printf("请输入点的值：");
      scanf("%c",&ag.adjlist[i].vertex);
      getchar();
      ag.adjlist[i].link=NULL;
  }
  for(i=0;i<ag.arcnum;i++)
  {
      printf("请输入边的序号：");
      scanf("%d,%d",&s,&d);
      //前插法
      p=(Anode *)malloc(sizeof(Anode));
      p->adjvex=d;
      p->next=ag.adjlist[s].link;
      ag.adjlist[s].link=p;
      p=(Anode *)malloc(sizeof(Anode));
      p->adjvex=s;
      p->next=ag.adjlist[d].link;
      ag.adjlist[d].link=p;
  }
  return ag;
}
```

动画 7-4：
邻接表表示法

图的邻接矩阵表示法是唯一的，但其邻接表表示法不是唯一的。因为邻接表表示法中，各个表节点的连接次序取决于建立邻接表的算法和输入次序。

假设代码运行后，输入顶点和边的数量为 3、2；输入顶点值为 A、B 和 C；那么邻接表的初始化状态为：

当输入边的序号为 0、1 时，邻接表的状态改变为：

当输入边的序号为 0、2 时，邻接表的状态改变为：

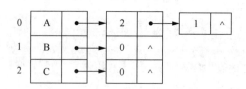

7.3　图的遍历

图的遍历是指从某个顶点出发，沿着某条搜索路径对图中每个顶点各做一次且仅做一次访问。图中任何顶点都可作为遍历的初始出发点。此外，因为图中任一顶点都可能和其他顶点相邻接，故在访问了某顶点之后，又可能顺着某条回路回到该顶点。为了避免重复访问同一个顶点，必须记住每个已访问的顶点。为此，可设一布尔向量 visited[0,…,i]，其初始值为假，一旦访问了顶点 V_i 之后，便将 visited[i] 置为真。虽然图有很多种遍历的方法，但最为重要的是深度优先遍历和广度优先遍历，它们对无向图和有向图均适用。接下来将讨论这两种遍历。

7.3.1　深度优先遍历（Depth First Traversal）

微课 7-7：图的
深度优先遍历

下面举一个旅游路线规划的例子来说明深度优先遍历的概念及过程，图 7-13 所示为旅游路线规划深度优先描述图，如果选择此旅游路线规划，那么可以选择从淮安出发，走青岛—烟台—大连—西安—开封—上海—苏州—扬州旅游路线，每一条路线按照深度优先原则尽量延伸到更多的城市。

图 7-13　旅游路线规划深度优先描述图

深度优先遍历过程如下。

第 1 步：假设图 *G* 的初始状态是所有顶点均未被访问过，在 *G* 中任选一顶点作为出发点（源点）*V*。

第 2 步：首先访问源点 *V*，并将其标记为已访问过，然后依次从 *V* 出发搜索 *V* 的每个邻接点 *W*，若 *W* 未曾访问过，则以 *W* 为新的源点继续进行深度优先遍历，直至图中所有和源点 *V* 有路径相通的顶点均被访问为止。

第 3 步：若此时图中仍有未访问的顶点（与 *V* 没有路径相通），则另选一个尚未访问的顶点作为新的源点重复第 2 步，直至图中所有顶点均被访问为止。

显然，上述的深度优先遍历过程是递归的，递归算法如下：

```
int visited[vexnum];    //全局变量
//深度优先遍历以邻接表表示的图 G，邻接矩阵表示与此类似
void dfstraverse(Adjgraph *G)
{
  int i;
  for(i=0;i<G->n;i++)
      visited[i]=0;                    //初始化，所有顶点都未曾被访问过
  for(i=0;i<G->n;i++)
      if(visited[i]= =0)               //未曾被访问过
            dfs(G,i);
}
void dfs(Adjgraph *G,int i)
{
   Anode *p;
   printf("%c",G->adjlist[i].vertex);  //访问顶点 Vi
   visited[i]=1;                       //标记已被访问
```

```
p=G->adjlist[i].link;
while(p!=NULL)
{
    if(visited[p->adjvex]= =0)    //V₃未曾被访问过
        dfs(G,p->adjvex);
    p=p->next;//回溯
}
}
```

在图 7-14 中，无向图的深度优先遍历过程如下：先访问源点 V_0，然后访问 V_0 的邻接点 V_3，再从 V_3 出发，访问 V_3 的邻接点 V_6；从 V_6 出发，访问 V_6 的邻接点 V_4；从 V_4 出发，访问 V_4 的邻接点 V_7；从 V_7 出发，访问 V_7 的邻接点 V_8；V_8 没有邻接点，需要回溯到 V_7，访问 V_7 的另一个邻接点 V_5；从 V_5 出发，访问 V_5 的邻接点 V_1；从 V_1 出发，访问 V_1 的邻接点 V_2，到此全部顶点访问完毕。因此该图的深度优先遍历结果为：$V_0,V_3,V_6,V_4,V_7,V_8,V_5,V_1,V_2$。从图中可以看出，遍历的结果有很多种可能，所以深度优先遍历的结果不是唯一的。

动画 7-5：图的深度优先遍历

动画 7-6：图的广度优先遍历

图 7-14　图的深度优先遍历过程

7.3.2　广度优先遍历（Breadth First Traversal）

微课 7-8：图的广度优先遍历

下面我们举一个旅游路线规划的例子来说明广度优先遍历的概念及过程，图 7-15 所示为旅游路线规划广度优先描述图，我们如果选择此旅游路线规划，那么应该选择从淮安出发，走青岛—开封—扬州—上海—烟台—西安—苏州—大连旅游路线，尽量先旅游附近的城市，然后逐渐扩大范围。广度优先遍历过程如下。

第 1 步：假设图 G 的初始状态是所有顶点均未被访问过，在 G 中任选一顶点作为出发点（源点）V。

第 2 步：首先访问源点 V，并将其标记为已访问过，然后依次从 V 出发搜索 V 的每个邻接点 $W_1,W_2,...,W_n$，然后再依次访问与 $W_1,W_2,...,W_n$ 各自邻接的所有未被访问过的顶点，以此类推，直至图中所有和源点 V 有路径相通的顶点都被访问到为止。

图 7-15 旅游路线规划广度优先描述图

第 3 步：若此时图中仍有未被访问的顶点（与 *V* 没有路径相通），则另选一个尚未被访问的顶点作为新的源点重复第 2 步，直至图中所有顶点均已被访问为止。

广度优先遍历的算法如下：

```
//广度优先遍历以邻接表表示的图 G，邻接矩阵表示与此类似
void bfs(Adjgraph *G,int k)
{
    int i;
    CirQueue Q;                             //第 3 章的队列内容有循环队列的知识介绍
    Anode *p;
    InitQueue(&Q);
    printf("%c",G->adjlist[k].vertex);      //访问顶点 Vk
    visited[k]=1;                           //标记已被访问
    EnQueue(&Q,k);                          //将被访问过的顶点入队
    while(!QueueEmpty(&Q))
    {
    i=DeQueue(&Q);
    p=G->adjlist[i].link;                   //找 Vi 的第一个邻接点
    while(p!=NULL)
    {
        if(visited[p->adjvex]==0)
        {
            printf("%c",G->adjlist[p->adjvex].vertex);
            visited[p->adjvex]=1;           //标记已被访问
            EnQueue(&Q,p->adjvex);
        }
        p=p->next;                          //找 Vi 的下一个邻接点
```

```
    }
  }
}
```

在图7-16中,无向图的广度优先遍历过程如下:先访问源点 V_0,然后访问 V_0 的每一个邻接点 V_1、V_3、V_4 和 V_5,再访问 V_1 的邻接点 V_2,访问 V_3 的邻接点 V_6,访问 V_4 的邻接点 V_7,V_5、V_2 和 V_6 没有邻接点,于是访问 V_7 的邻接点 V_8,到此全部顶点访问完毕。因此该图的广度优先遍历结果为: $V_0, V_1, V_3, V_4, V_5, V_2, V_6, V_7, V_8$。从图中可以看出,遍历的结果有很多种可能,所以广度优先遍历的结果也不是唯一的。

图 7-16　图的广度优先遍历过程

7.4　最小生成树

连通图 **G** 的一个子图如果是一棵包含 **G** 的所有顶点的树,则该子图称为 **G** 的生成树。图的生成树不唯一,从不同的顶点出发遍历,可以得到不同的生成树。图 7-17（a）是一张连通图,图 7-17（b）是其对应的两种生成树。

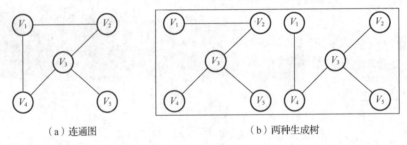

（a）连通图　　　　　　　（b）两种生成树

图 7-17　生成树示意图

连通图中的生成树必须满足以下两个条件。

① 包含连通图中所有的顶点。

② 任意两顶点之间有且仅有一条通路。

因此,连通图的生成树具有这样的特征:生成树中边的数量=顶点数-1。

连通的带权图的生成树也是带权的。我们把生成树各边的权值总和称为该树的权,将权最小的生成树称为最小生成树,最小生成树可简记为 MST。

下面介绍两种最小生成树的构造方法:普里姆（Prim）算法和克鲁斯卡尔（Kruskal）算法。

微课 7-9:

普里姆算法实现

最小生成树

7.4.1　普里姆（Prim）算法

该算法以图 **G** 中的顶点作为集合并不断扩充,直到集合中包含图 **G** 的所有顶点为止,具体过程如下。

第 1 步：选择一个顶点 V_i 作为源点，并纳入集合，得到 $\{V_i\}$。

第 2 步：在与 V_i 邻接的顶点中，选择与 V_i 构成的所有边中权值最小的顶点 V_j 并将其纳入集合，得到 $\{V_i, V_j\}$。

第 3 步：在与 V_i 或者 V_j 邻接的顶点中，选择与 V_i 或者 V_j 构成的所有边中权值最小的顶点 V_w 并将其纳入集合，得到 $\{V_i, V_j, V_w\}$。

第 4 步：重复执行第 3 步，直到集合中包含图 **G** 的所有顶点为止（不允许出现回路）。

动画 7-7：
普里姆最小
生成树

例如，图 7-18 所示为图 7-1 利用普里姆算法构造最小生成树的过程。

图 7-18 利用普里姆算法构造最小生成树的过程

7.4.2 克鲁斯卡尔（Kruskal）算法

该算法以图 **G** 中的边作为集合并不断扩充，直到边集合中包含图 **G** 的所有顶点为止，具体过程如下。

第 1 步：选择一条权值最小的边，并纳入集合，得到 $\{E_1\}$。

第 2 步：在剩下的边中选择一条权值最小的边，并纳入集合，得到 $\{E_1, E_2\}$。

第 3 步：重复执行第 2 步，直到边集合中已经包含图 **G** 的所有顶点为止（不允许出现回路）。

例如，图 7-19 所示为图 7-1 利用克鲁斯卡尔算法构造最小生成树的过程。

微课 7-10：
克鲁斯卡尔算法
实现最小生成树

动画 7-8：
克鲁斯卡尔最小
生成树

数据结构（C语言版）（微课版）（第2版）

（a）　　　　　　　（b）　　　　　　　（c）

（d）　　　　　　　最小生成树结果

图 7-19　利用克鲁斯卡尔算法构造最小生成树的过程

7.5　最短路径

图的最短路径包括单源最短路径和每一对顶点之间的最短路径。

7.5.1　单源最短路径

微课 7-11：
迪杰斯特拉单源
最短路径算法

单源最短路径是指在有向网中，从某个源点 V_0 出发到其他各个顶点的最短路径。单源最短路径是图的一项重要应用。例如城市交通中，行程时间受到天气、道路等因素影响，那么会要求从一个城市到达其他城市所需要的时间最短，即求单源最短路径。下面介绍解决这一问题的算法，即由迪杰斯特拉（Dijkstra）提出的一个按路径长度递增的次序产生最短路径的算法。图 7-20 所示为一个有向图。

动画 7-9：
迪杰斯特拉单源
最短路径算法

图 7-20　有向图

124

表 7-1 给出了以 1 为源点，利用迪杰斯特拉算法求 1 到其他各顶点的最短路径的全过程，以及各数据结构的变化情况。

表 7-1　用迪杰斯特拉算法求单源最短路径的过程

循环	S	W	$d[2]$	$d[3]$	$d[4]$	$d[5]$	$pre[2]$	$pre[3]$	$pre[4]$	$pre[5]$
初始化	{1}	-	**20**	∞	30	90	1	1	1	1
1	{1,2}	2	20	70	**30**	90	1	2	1	1
2	{1,2,4}	4	20	**40**	30	70	1	4	1	4
3	{1,2,4,3}	3	20	40	30	**60**	1	4	1	3
4	{1,2,4,3,5}	5	20	40	30	60	1	4	1	3

初始时集合 *S* 中只包含源点 1，数组 *d*[*i*]各单元存储的是 1 直接到其他各顶点的距离，*pre*[*i*]的值均为 1，即当前最短路径的前趋节点都是 1。表中没有列出 *d*[1]和 *pre*[1]，是因为不需要求 1 到 1 的最短路径。

第 1 次循环，从数组 *d* 中选取最小值 20，将对应的下标号 2 赋给 *W*，并将 *W* 加入集合 *S*，此时 *S*={1,2}，说明 1 到 2 的最短路径已经找到，之后看是否需要修改数组 *d* 和 *pre* 其他各单元的值，*d*[3]的原值为∞，即从 1 到 3 没有路径相通，如果从 1→2→3，路径长度变为 70，则 *d*[3]的值变为 70，同时修改 *pre*[3]的值为 2，表示 1 到 3 当前最短路径上 3 的前趋节点是 2；使用同样的方式，1→2→4 路径长度为∞，所以 *d*[4]的值不用修改，*pre*[4]的值也不用修改；1→2→5 路径长度为∞，所以 *d*[5]的值不用修改，*pre*[5]的值也不用修改。

第 2 次循环，从数组 *d* 中选取剩下单元中的最小值 30，将对应的下标号 4 赋给 *W*，并将 *W* 加入集合 *S*，此时 *S*={1,2,4}，说明 1 到 4 的最短路径已经找到，之后看是否需要修改数组 *d* 和 *pre* 其他各单元的值，*d*[3]的原值为 70，如果从 1→4→3，路径长度变为 40，则 *d*[3]的值变为 40，*pre*[3]的值变为 4；使用同样的方式，1→4→5 路径长度为 70，所以 *d*[5]的值变为 70，*pre*[5]的值变为 4。

第 3 次循环，从数组 *d* 中选取剩下单元中的最小值 40，将对应的下标号 3 赋给 *W*，并将 *W* 加入集合 *S*，此时 *S*={1,2,4,3}，说明 1 到 3 的最短路径已经找到，之后看是否需要修改数组 *d* 和 *pre* 其他各单元的值，*d*[5]的原值为 70，如果从 1→4→3→5，路径长度变为 60，则 *d*[5]的值变为 60，*pre*[5]的值变为 3。

第 4 次循环，从数组 *d* 中选取剩下单元中的最小值 60，将对应的下标号 5 赋给 *W*，并将 *W* 加入集合 *S*，此时 *S*={1,2,4,3,5}，说明 1 到 5 的最短路径已经找到。至此经过 4 次循环，将源点 1 到其他各顶点的最短路径均找到，算法结束。

7.5.2　每一对顶点之间的最短路径

要求每一对顶点之间的最短路径，有两种方法：一种是每次以图中的一个顶点作为源点，调用 *n* 次迪杰斯特拉算法；另一种方法是采用弗洛伊德（Floyd）算法，该算法比较简单，易于理解。

弗洛伊德顶点间最短路径算法介绍如下。

微课 7-12：
弗洛伊德顶点间
最短路径算法

首先设立两个矩阵 **path** 和 **D**，矩阵 **path** 表示路径，矩阵 **D** 表示路径长度。初始时，矩阵 **D** 就是有向图的邻接矩阵，即顶点 V_i 到顶点 V_j 的最短路径长度 $D[i][j]$ 就是弧 $<V_i,V_j>$ 所对应的权值，将其记为 $D^{(-1)}$，其数组元素不一定是 V_i 到 V_j 的最短路径，还需要进行 n 次试探。

在矩阵 $D^{(-1)}$ 的基础上，对于从顶点 V_i 到 V_j 的最短路径，首先考虑让路径经过顶点 V_0，比较 $<V_i,V_j>$ 和 $<V_i,V_0,V_j>$ 的路径长度，取其小值作为当前求得的最短路径。对每一对顶点都做这样的试探，可求得矩阵 $D^{(0)}$。然后在 $D^{(0)}$ 的基础上，让路径通过 V_1，得到新的矩阵 $D^{(1)}$。以此类推，如果顶点 V_i 到 V_j 的路径经过顶点 V_k 使得路径缩短，则修改 $D^{(k)}[i][j] = D^{(k-1)}[i][k] + D^{(k-1)}[k][j]$，所以 $D^{(k)}[i][j]$ 就是当前求得的从顶点 V_i 到 V_j 的最短路径。这样经过 n 次试探，最后求得的矩阵 $D^{(n-1)}$ 就一定是各顶点间的最短路径。

再来看最短路径的顶点序列如何求得。矩阵 **path** 是用来存储最短路径上的顶点信息的。矩阵 **path** 初始时都被赋值为-1，表示 V_i 到 V_j 的最短路径是直接可达的。以后，当考虑路径经过某个顶点 V_k 时，如果使路径更短，则在修改 $D^{(k-1)}[i][j]$ 的同时修改 **path**$[i][j]$ 为 k。那么如何求得从 V_i 到 V_j 最短路径的顶点序列呢？设经过 n 次试探后，**path**$[i][j]=k$，即从 V_i 到 V_j 的最短路径经过顶点 V_k，该路径上还有哪些顶点呢？需要去查看 **path**$[i][k]$ 和 **path**$[k][j]$，以此类推，直到所查元素为-1 为止。

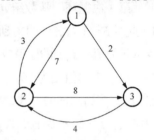

图 7-21 所示为一个包含 3 个顶点的有向图，采用弗洛伊德算法求每对顶点间的最短路径，矩阵 **D** 和矩阵 **path** 的变化情况如图 7-22 所示。

图 7-21　包含 3 个顶点的有向图

动画 7-10：
弗洛伊德顶点间
最短路径算法

$$D^{(-1)} = \begin{pmatrix} \infty & 7 & 2 \\ 3 & \infty & 8 \\ \infty & 4 & \infty \end{pmatrix} \qquad path^{(-1)} = \begin{pmatrix} -1 & -1 & -1 \\ -1 & -1 & -1 \\ -1 & -1 & -1 \end{pmatrix}$$

$$D^{(0)} = \begin{pmatrix} \infty & 7 & 2 \\ 3 & \infty & 5 \\ \infty & 4 & \infty \end{pmatrix} \qquad path^{(0)} = \begin{pmatrix} -1 & -1 & -1 \\ -1 & -1 & 1 \\ -1 & -1 & -1 \end{pmatrix}$$

$$D^{(1)} = \begin{pmatrix} \infty & 7 & 2 \\ 3 & \infty & 5 \\ 7 & 4 & \infty \end{pmatrix} \qquad path^{(1)} = \begin{pmatrix} -1 & -1 & -1 \\ -1 & -1 & 1 \\ 2 & -1 & -1 \end{pmatrix}$$

$$D^{(2)} = \begin{pmatrix} \infty & 6 & 2 \\ 3 & \infty & 5 \\ 7 & 4 & \infty \end{pmatrix} \qquad path^{(2)} = \begin{pmatrix} -1 & 3 & -1 \\ -1 & -1 & 1 \\ 2 & -1 & -1 \end{pmatrix}$$

图 7-22　使用弗洛伊德算法求每对顶点间的最短路径

由图 7-22 可知，矩阵 $D^{(2)}$ 中即为求得的最短路径，结果表示 1→3→2 的最短路径为 6；1→3 的最短路径为 2；2→1 的最短路径为 3；2→1→3 的最短路径为 5；3→2→1 的最短路径为 7；3→2 的最短路径为 4。

求每对顶点间最短路径的弗洛伊德算法如下：

```
//图的结构体
typedef struct
{
    int vexs[Maxsize];          //Maxsize 为顶点数量
    int arcs[Maxsize][Maxsize];
    int vexnum,arcnum;
}mgraph;
int path[Maxsize][Maxsize];
//利用邻接矩阵创建图
void create_net(mgraph *g)
{
    int i,j,k,n;
    printf("请输入顶点数和边数:");
    scanf("%d,%d",&i,&j);
    g->vexnum=i;
    g->arcnum=j;
    for(i=1;i<=g->vexnum;i++)      //输入顶点的信息
    {
        printf("第%d 个顶点的信息:",i);
        scanf("%d",&g->vexs[i]);
    }
    for(i=1;i<=g->vexnum;i++)      //初始化矩阵
        for(j=1;j<=g->vexnum;j++)
            g->arcs[i][j]=999;        //假设 999 就是矩阵中的∞
    for(k=1;k<=g->arcnum;k++)      //输入边的信息和权值
    {
        printf("输入第%d 条边的起点和终点的编号:",k);
        scanf("%d,%d",&i,&j);
        printf("输入边<%d,%d>的权值",i,j);
        scanf("%d",&n);
        g->arcs[i][j]=n;
    }
}
//用递归实现遍历路径
void putpath(int i,int j)
{
```

```
    int k;
    k=path[i][j];
    if(k==-1)      //没有中间点
        return;
    putpath(i,k);
    printf("%d->",k);
    putpath(k,j);
}
//求最短路径
void minpath(mgraph *g)
{
    int d[5][5],i,j,k;
     for(i=1;i<=g->vexnum;i++)
        for(j=1;j<=g->vexnum;j++)
        {
            d[i][j]=g->arcs[i][j];
            path[i][j]=-1;
        }
    for(k=1;k<=g->vexnum;k++)       //以1、2……为中间点
    {
        for(i=1;i<=g->vexnum;i++)
            for(j=1;j<=g->vexnum;j++)
                if((d[i][k]+d[k][j]<d[i][j])&&(i!=j)&&(i!=k)&&(j!=k))//递推
                {
                    d[i][j]=d[i][k]+d[k][j];
                    printf("%d",d[i][j]);
                    path[i][j]=k;      //记录最短路径经过的节点
                }
    }
    printf("\n输出最短路径:\n");
    for(i=1;i<=g->vexnum;i++)
        for(j=1;j<=g->vexnum;j++)
        {
            if(i==j)
                continue;
            printf("%d->",i);
            putpath(i,j);
            printf("%d",j);
            printf"最短路径为:%d\n",d[i][j]);
        }
}
main()
{
```

```
mgraph net,*g;
g=&net;
create_net(g);
minpath(g);
}
```

有了图的概念、图的邻接矩阵表示法、普里姆算法等相关知识的储备，接下来就可以完成实例的设计了。

实例分析与实现

1. 实例分析

对修建所有城市间高铁的费用进行预算后，为了降低成本、节省费用，要设计最经济的建设方案，应该尽量减少修建高铁的条数，但又要保证所有城市都能连通，那么必须修建 *n*-1 条高铁，而且总费用还要最低。在此我们使用普里姆算法构造最小生成树来实现高铁修建的最经济方案。具体算法如下：首先，采用邻接矩阵表示法存储图；然后定义一个辅助数组，用来存储从集合 *U* 中某顶点出发到其他顶点边上的权值，以及存储该边依附在集合 *U* 中的顶点下标；最后实现构造最小生成树的普里姆算法。

2. 项目代码

代码清单 7.1:

```
#include "stdio.h"
#define MAX 1000          //单位为百亿元
typedef struct
{
    char vexs[10][8];     //存放城市名称，最多存放10个城市
    int edges[10][10];    //存储每条高铁的修建费用
    int n,e;              //分别代表图的顶点数和边数
}Mgraph;
struct
{
    int lowcost;          //存储该边上的权值
    int vex;              //存储该边依附在集合U中的顶点下标
}CloseEdge[10];           //辅助数组
//创建高铁线路网
void CreateMGraph(Mgraph *G)
{
    int i,j,k,w;
    printf("请输入城市个数和修建的高铁条数:");
    scanf("%d,%d",&G->n,&G->e);
    for(i=0;i<G->n;i++)
```

```
    {
        printf("请输入第%d个城市名称:",i+1);
        scanf("%s",G->vexs[i]);
    }
    printf("各城市序号为:\n");
    for(i=0;i<G->n;i++)
        printf("%s:%d\t",G->vexs[i],i+1);
    printf("\n");
    for(i=0;i<G->n;i++)          //邻接矩阵初始化
    {
      for(j=0;j<G->n;j++)
       G->edges[i][j]=MAX;       //假设修建费用为最大
      G->edges[i][i]=0;          //到本城市的费用为 0
    }
    for(k=0;k<G->e;k++)          //建立邻接矩阵
    {
    printf("请输入修建第%d条高铁两个城市序号及修建费用:",k+1);
    scanf("%d,%d,%d",&i,&j,&w);   //输入边的一对顶点序号
    G->edges[i-1][j-1]=w;
    G->edges[j-1][i-1]=w;
    }
}
//求最小距离值，返回下标
int MinValue(int n)
{
  int j,k;
  for(j=0;j<n;j++)
  if(CloseEdge[j].lowcost>0)
  {
      k=j;break;
  }
  for(j=0;j<n;j++)
  if(CloseEdge[j].lowcost>0&&CloseEdge[j].lowcost<CloseEdge[k].lowcost)
      k=j;
  return k;
}
//用普里姆算法构造最小生成树
void Prim(Mgraph *G,int u)
{
    int cc=0,pp[20];     //pp用于记录最小生成树中边的下标
    int k=0,i,j,s1;
    for(i=0;i<G->n;i++)
    {
```

```
        CloseEdge[i].vex=u;
        CloseEdge[i].lowcost=G->edges[u][i];
    }
    CloseEdge[u].lowcost=0;
    for(i=1;i<G->n;i++)              //最小生成树的 G->n-1 条边
    {
        k=MinValue(G->n);
        s1=CloseEdge[k].vex;        //边(s1,k)是一条权值最小的边
        CloseEdge[k].lowcost=0;  //将顶点 k 加入集合 U 中
        pp[cc++]=s1;
        pp[cc++]=k;
        for(j=0;j<G->n;j++)
          if(G->edges[k][j]<CloseEdge[j].lowcost)
          {
              CloseEdge[j].lowcost=G->edges[k][j];
              CloseEdge[j].vex=k;
          }
    }
    printf("高铁修建最经济方案为:\n");
    for(i=0;i<2*(G->n-1);i=i+2)
        printf("应修建高铁:%s<=>%s,费用:%d\n", G->vexs[pp[i]],
        G->vexs[pp[i+1]],G->edges[pp[i]][pp[i+1]]);
}
main()
{
    Mgraph G;
    CreateMGraph(&G);
    Prim(&G,0);
}
```

3. 结果验证（见图 7-23）

图 7-23　结果验证

131

该实例主要涉及图的概念、图的邻接矩阵表示法、普里姆算法等知识，通过对下面进阶案例的学习，学习者可以更好地掌握和应用弗洛伊德算法求最短路径等知识。

进阶案例——旅游交通图最短时间路线问题

1. 案例介绍

随着人们经济条件和生活水平的提高，出去旅游的人越来越多，考虑到时间因素，大部分人会选择花费时间最短的旅游路线，本案例将开发旅游交通图最优查询系统。本案例利用数据结构中最短路径算法，采用C语言实现系统设计。为了达到较好的教学效果，简化了部分功能，只考虑节省时间，不考虑路费。假设存在图7-24所示的旅游交通图，城市间的路线标有需要花费的时间（单位：小时）。

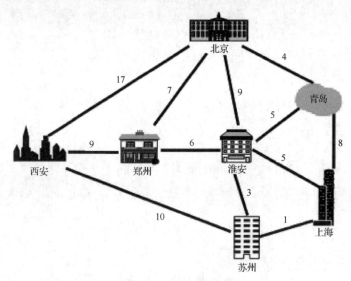

图7-24　旅游交通图

2. 案例分析

要完成本案例，首先要定义交通图结构体类型，结构体成员包括存储城市名称的二维数组、存储在每条道路行驶花费的时间的二维数组、城市数量和道路数量，数组大小能满足旅游交通图要求即可，然后利用图的邻接矩阵表示法依次输入城市数量和道路数量，最后输入城市名称和在每条道路行驶花费的时间。要实现最短时间旅游路线求解功能，可以使用弗洛伊德算法求出旅游交通图中每对城市间的道路行驶花费的最短时间，同时用户可以输入两个城市名称，如果城市存在，可以查询两个城市间的道路行驶花费的最短时间，否则，查询失败。

3. 项目代码

代码清单7.2：

```
#include "stdio.h"
```

```
#include "string.h"
#define Num 10
//旅游交通图结构体
typedef struct
{
    char citys[Num][8];        //存储城市名称，Num 为交通图中所包含的最多城市数量
    float time[Num][Num];      //利用矩阵存储行驶每条道路花费的时间
    int citynum,roadnum;       //城市数量和城市间道路的数量
}mgraph;
int path[Num][Num];
//利用邻接矩阵创建旅游交通图
void create_net(mgraph *g)
{
    int i,j,k;
    float t;
    printf("请输入城市数量和道路数量:");
    scanf("%d,%d",&g->citynum,&g->roadnum);
    getchar();
    for(i=1;i<=g->citynum;i++)        //输入城市信息
    {
        printf("第%d个城市信息:",i);
        gets(g->citys[i]);
    }
    for(i=1;i<=g->citynum;i++)        //初始化矩阵
        for(j=1;j<=g->citynum;j++)
            g->time[i][j]=999;        //假设999就是矩阵中的∞
    for(k=1;k<=g->roadnum;k++)        //输入边的信息和行驶每条道路花费的时间
    {
        printf("输入第%d条道路的起点和终点的编号:",k);
        scanf("%d,%d",&i,&j);
        printf("输入道路<%d,%d>行驶花费的时间:",i,j);
        scanf("%f",&t);
        g->time[i][j]=t;
        g->time[j][i]=t;
    }
}
//输出旅游交通图信息
void pri_net(mgraph *g)
{
    int i,j;
    printf("城市信息:");
```

```
        printf("\n-----------------------------------------------------\n");
        for(i=1;i<=g->citynum;i++)
            printf("%-6d",i);
        printf("\n-----------------------------------------------------\n");
        for(i=1;i<=g->citynum;i++)
            printf("%-6s",g->citys[i]);
        printf("\n-----------------------------------------------------\n");
        printf("\n行驶道路花费时间信息:\n");
        printf("   |");
        for(i=1;i<=g->citynum;i++)
            printf("%-6d",i);
        printf("\n-----------------------------------------------------\n");
        for(i=1;i<=g->citynum;i++)
        {
            printf("%3d|",i);
            for(j=1;j<=g->citynum;j++)
                printf("%-6.1f",g->time[i][j]);
            printf("\n");
        }
}
//用递归实现遍历路径
void putpath(int i,int j,mgraph *g)
{
    int k;
    k=path[i][j];
    if(k==-1)    //没有中间点
        return;
    putpath(i,k,g);
    printf("%s->",g->citys[k]);
    putpath(k,j,g);
}
//求最短路径
void minpath(mgraph *g)
{
    int i,j,k,c1=0,c2=0;
    float d[Num][Num];
    char city1[8],city2[8];
    for(i=1;i<=g->citynum;i++)
        for(j=1;j<=g->citynum;j++)
        {
            d[i][j]=g->time[i][j];
            path[i][j]=-1;
        }
    for(k=1;k<=g->citynum;k++)    //以1、2……为中间点
```

```
{
    for(i=1;i<=g->citynum;i++)
        for(j=1;j<=g->citynum;j++)
            if((d[i][k]+d[k][j]<d[i][j])&&(i!=j)&&(i!=k)&&(j!=k))//递推
            {
                d[i][j]=d[i][k]+d[k][j];
                path[i][j]=k;     //记录最短路径经过的节点
            }
}
printf("请输入两个城市名称:\n");
gets(city1);
gets(city2);
for(i=1;i<=g->citynum;i++)   //按照城市名称查找对应的下标
{
    if(strcmp(g->citys[i],city1)==0)
        c1=i;
    if(strcmp(g->citys[i],city2)==0)
        c2=i;
}
printf("%d,%d\n",c1,c2);
if(c1==0||c2==0)
    printf("其中一个城市不存在! \n");
else
{
    printf("旅游最优路线为:");
    printf("%s->",g->citys[c1]);
    putpath(c1,c2,g);
    printf("%s\n",g->citys[c2]);
    printf("行驶花费的最短时间为:%-6.1f 小时\n",d[c1][c2]);
}
}
main()
{
    int choice;
    mgraph net,*g;
    g=&net;
    printf("                    最短时间旅游路线查询系统\n\n");
    printf("***************************************************\n");
    printf(" 1.创建旅游交通图 2. 输出旅游交通图信息
            3.查询最短时间旅游路线 4.退出系统\n");
    printf("***************************************************\n");
    while(1)
```

```
{ printf("请输入选项:");
  scanf("%d",&choice);
  getchar();
  switch(choice)
  {
    case 1:create_net(g);break;
    case 2:pri_net(g);break;
    case 3:minpath(g);break;
  }
  if(choice==4)
      break;
  }
}
```

本章小结

本章首先描述了高铁修建最经济的方案设计实例；然后介绍了图的概念及相关术语、图的邻接矩阵和邻接表表示法、图的深度优先遍历和广度优先遍历、普里姆算法和克鲁斯卡尔算法构造最小生成树，以及迪杰斯特拉算法和弗洛伊德算法实现最短路径；最后进行了实例的分析、程序设计与结果验证，并进行了进阶案例的分析与实现。其中图的存储结构、图的遍历是重点内容，图的最小生成树构造方法和最短路径实现方法是难点内容。

通过本章的学习，读者应该能理解图的概念及相关术语，熟练掌握图的邻接矩阵和邻接表表示法、图的深度优先遍历和广度优先遍历；掌握最小生成树的概念及两种构造方法、最短路径的两种实现方法，并能够运用本章知识解决实际应用问题。

同步训练

一、填空题

1. n 个顶点的无向完全图含有_____条边。

2. 连通分量是无向图中的_____。

3. 图的两种遍历是_____和_____。

4. 最小生成树的两种构造方法是_____和_____。

二、选择题

1. 若 m 个顶点的无向图采用邻接矩阵表示法，则该邻接矩阵是一个（　　　）。

    A. 一般矩阵　　　　B. 对称矩阵　　　　C. 对角矩阵　　　　D. 稀疏矩阵

2. 最小生成树指的是（　　　）。

    A. 由连通图所得到的边数最少的生成树

    B. 由连通图所得到的顶点相对较少的生成树

C. 连通图的所有生成树中权值之和最小的生成树

D. 连通图的极小连通子图

3. 设有向图 G 有 n 个顶点，它的邻接矩阵为 A，G 中第 i 个顶点 V_i 的度为（　　）。

A. $\sum_{j=1}^{n} A[j,i]$　　　　　　　　　　B. $\sum_{j=1}^{n} A[i,j]$

C. $\sum_{j=1}^{n}(A[i,j]+A[j,i])$　　　　　　D. $2\sum_{j=1}^{n} A[j,i]$

4. 在一个具有 n 个顶点的有向图中，所有顶点的出度之和为 $dout$，则所有顶点的入度之和为（　　）。

A. $dout$　　　　　B. $dout-1$　　　　　C. $dout+1$　　　　　D. n

5. n 个顶点的强连通图中至少含有（　　）。

A. $n-1$ 条有向边　　　　　　　　B. n 条有向边

C. $n(n-1)/2$ 条有向边　　　　　　D. $n(n-1)$ 条有向边

三、应用题

1. 利用图的邻接矩阵表示法写出图 7-25 所示的无向图的邻接矩阵。

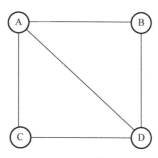

图 7-25　无向图 1

2. 利用图的邻接表表示法写出图 7-26 所示的无向图的邻接表。

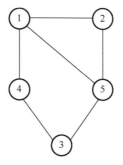

图 7-26　无向图 2

3. 求图 7-27 所示的无向图的最小生成树，要求写出最小生成树的构造过程。

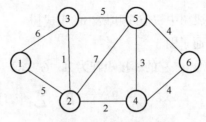

图 7-27　无向图 3

四、算法设计题

1. 用邻接表存储一个无向图，设计一个算法来统计度为 2 的顶点的个数。

2. 用邻接矩阵存储一个无向图，设计一个算法实现该无向图的深度优先遍历。

第 8 章 查找的分析与应用

拓展阅读 8:
信息安全

学习目标

- 了解查找的基本概念。
- 熟练掌握线性表的顺序查找、二分法查找及其算法实现。
- 熟练掌握二叉排序树的生成、查找以及删除方法。
- 熟练掌握散列表的构造方法、查找过程,以及解决冲突的方法。

实例描述——通讯录查询系统设计

假设电子通讯录包含姓名、学院、年龄、电话等信息,采用记事本存储具体信息,内容如图 8-1 所示。在大量的信息中,如何快速查找得到想要的结果呢?可以显示全部通讯录信息、通过学院查找通讯录信息、通过学院查找通讯录信息,也可以查找青年教师(≤35岁)的通讯录信息。该实例涉及二叉排序树的建立、二叉排序树的查找、二叉树的先序遍历、二叉树的中序遍历、二叉树的后序遍历、文件读取操作等知识。

```
通讯录.txt - 记事本
文件(F)  编辑(E)  格式(O)  查看(V)  帮助(H)
李言      计通学院    42  138****1111
孙爱龙    电子学院    35  138****1112
李德军    传媒学院    37  138****1113
孙晓东    机电学院    50  138****1114
管书亮    计通学院    56  138****1115
张燕      商学院      38  138****1116
庄海军    电子学院    46  138****1117
舒西      机电学院    36  138****1118
李刚      计通学院    34  138****1119
汤成林    计通学院    55  138****1120
陈云      商学院      32  138****1121
蒋春华    商学院      52  138****1122
陆彩霞    计通学院    33  138****1123
王方健    传媒学院    46  138****1124
张丽莉    计通学院    25  138****1125
```

图 8-1　通讯录

知识储备

8.1 查找的基本概念

微课 8-1：查找
的概念

我们的日常生活离不开各种查询操作，如通过考号查询高考分数、通过歌名在互联网上检索歌曲等。因此，可以说信息检索是计算机最重要的应用之一。这里所说的查询、检索和查找是同一个概念。

在本章的讨论中，假设被查找的对象是由一组节点组成的表或文件，而每个节点则由若干个数据项组成，并假设每个节点都有一个能唯一标识该节点的关键字。在这种假设下，查找的定义是：给定一个值 K，在含有 N 个节点的表中找出关键字等于给定值 K 的节点。若找到，则查找成功，返回该节点的信息或该节点在表中的位置；否则，查找失败，返回相关的指示信息。

若在查找的同时对表进行插入或者删除操作，则相应的表称为动态查找表，反之则称为静态查找表。查找有内查找和外查找之分，若整个查找过程都在内存中进行，则称为内查找；若在查找过程中需要访问外存，则称为外查找。

由于查找运算的主要操作是关键字的比较，因此通常把查找过程中对关键字需要执行的平均比较次数（也称为平均查找长度）作为衡量一个查找算法优劣的标准。平均查找长度 ASL（Average Search Length）的定义为：

$$ASL = \sum_{i=1}^{n} p_i c_i$$

其中：n 是节点的个数；p_i 是查找第 i 个节点的概率，若不特别声明，均认为每个节点的查找概率相等，即 $p_1=p_2=...=p_n=1/n$；c_i 是找到第 i 个节点所需的比较次数。

8.2 线性表查找

在表的组织方式中，线性表是较为简单的一种。本节将介绍 3 种在线性表上进行查找的方法，它们分别是顺序查找、二分查找和分块查找。

8.2.1 顺序查找

顺序查找是最简单的查找方法之一。顺序查找学生的实例演示如图 8-2 所示，要在 5 名学生当中查找身高为 170cm 的学生，从 1 号学生开始比较，再依次和 2 号、3 号比较，直到找到满足条件的学生为止，如果没有满足条件的，则查找失败。

微课 8-2：顺序
查找

顺序查找的基本思想是：从表的一端开始，按顺序扫描线性表，依次将扫描到的节点关键字和给定值 K 相比较，若当前扫描到的节点关键字与 K 相等，则查找成功；若扫描结束后，仍未找到关键字等于 K 的节点，则查找失败。

动画 8-1：身高
的顺序查找

身高=170cm

图 8-2　顺序查找学生的实例演示

顺序查找既适用于线性表的顺序存储结构，也适用于线性表的链式存储结构。下面只介绍以顺序表作为存储结构时实现的顺序查找算法，具体算法如下：

```c
#include "stdio.h"
#define n 10
typedef struct
{
  int key;
  //InfoType otherinfo;
}NodeType;
int SeqSearch(NodeType R[],int K)
{
  int i;
  for(i=0;i<n;i++)
   if(R[i].key==K)
      return i;
  return -1;
}
main()
{
  int result,i;
  NodeType SeqList[n];
  for(i=0;i<n;i++)
    scanf("%d",&SeqList[i].key);
  result=SeqSearch(SeqList,50);    //查找 K=50
  if(result==-1)
      printf("查找失败!");
  else
      printf("查找成功!该数位置是:%d",result);
}
```

动画 8-2：顺序
查找

假设要在下面的顺序表中查找 50，执行 SeqSearch 函数后，返回值为 4。

0	1	2	3	4	5	6	7	8	9
10	20	30	40	50	60	70	80	90	100

从下标为 0 的节点开始比较关键字和 K 的大小，如果相等就返回下标的值，只要不相等，就继续向后比较，直到比较到下标为 $n-1$ 的节点，此时如果还没有相等的关键字就返回-1。

在等概率情况下，$p_i=1/n$，故成功的平均查找长度为$(1+2+...+n)/n=(n+1)/2$，即查找成功时的平均比较次数约为表长的一半。若 K 值不在表中，则需要进行 n 次比较之后才能确定查找失败。

顺序查找的优点是算法简单，且对表的结构无任何要求。无论是用顺序表还是链表来存放节点，也无论节点之间是否按关键字有序，它都同样适用。顺序查找的缺点是查找效率低，因此，当 n 较大时不宜采用顺序查找。

微课 8-3：二分查找

8.2.2 二分查找

二分查找又称折半查找，它是一种效率较高的查找方法。但是，二分查找要求查找的表是顺序表，且按照关键字递增或者递减的顺序排序。在下面的讨论中，假设有序表是递增的。二分查找学生的实例演示如图 8-3 所示，要在 5 名已经按照身高从低到高排好队的学生当中查找身高为 170cm 的学生，从中间的 3 号学生开始比较，如果 3 号学生身高高于 170cm，那么应该在前面的同学中查找；如果 3 号学生身高低于 170cm，那么应该在后面的同学中查找。

动画 8-3：身高的二分查找

身高=170cm

图 8-3　二分查找学生的实例演示

二分查找的基本思想是：设 $R[1,...,n]$ 是当前的查找区间，首先确定该区间的中点位置 $mid=(1+n)/2$；然后将待查的 K 值与 $R[mid].key$ 比较，若相等，则查找成功并返回此位置，否则需要确定新的查找区间；若 $R[mid].key>K$，则由表的有序性可知，$R[mid,...,n].key$ 均大于 K，因此若表中存在关键字等于 K 的节点，则该节点必定是在位置 mid 左边的子表 $R[1,...,mid-1]$中，所以新的查找区间是左子表 $R[1,...,mid-1]$；类似地，若 $R[mid].key<K$，则要查找的 K 必在位置 mid 右边的子表 $R[mid+1,...,n]$中，即新的查找区间是右子表 $R[mid+1,...,n]$。下一次查找是针对新的查找区间进行的。因此，我们可以从初始的查找区间 $R[1,...,n]$开始，

每经过一次与当前查找区间的中点位置上的节点关键字的比较，就可确定查找是否成功，不成功则当前的查找区间就缩小一半。重复这一过程直至找到关键字为 *K* 的节点，或者直到当前的查找区间为空（即查找失败）时为止，具体算法如下：

```
int BinSearch(NodeType R[],int K)
{
    int low=1,high=n,mid;
    while(low<=high)
    {
        mid=(low+high)/2;
        if(R[mid].key==K)
            return mid;
        else if(R[mid].key>K)
            high=mid-1;
        else
            low=mid+1;
    }
    return 0;
}
```

下面以图 8-4 为例说明二分查找算法的执行过程，设输入包含 11 个关键字的有序序列 (6,13,20,22,37,56,64,76,85,88,93)，要查找的 *K* 值分别为 22 和 86。

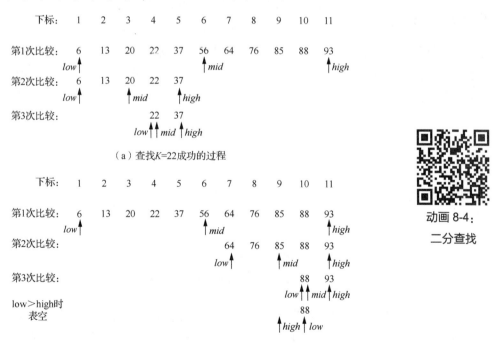

（a）查找*K*=22成功的过程

（b）查找*K*=86失败的过程

图 8-4 二分查找过程示例

图 8-4 中的 *low* 表示区间的开始位置，*mid* 表示中间位置，*high* 表示最后位置。例如

动画 8-4：
二分查找

在图 8-4（a）中，第一次查找的区间是 $R[1,...,11]$，$mid=(1+11)/2=6$，故第一次是将 K 和 $R[6]$.key 比较，因 K 较小，故第二次查找的区间是左子表 $R[1,...,5]$，$mid=(1+5)/2=3$，将 K 与 $R[3]$.key 比较后知 K 较大，故第三次查找的区间是当前区间 $R[1,...,5]$ 的右子表 $R[4,...,5]$，$mid=(4+5)/2=4$，故比较 K 和 $R[4]$.key，二者相等，查找成功并返回位置 4。注意在图 8-4（b）中，第三次查找的区间是 $R[10,...,11]$，$mid=(10+11)/2=10$，而 K 为 86 小于 $R[10]$.key，因此下一次查找的区间是 $R[low,...,mid-1]=R[10,...,9]$，该区间为空，故查找失败。

在等概率情况下，$p_i=1/n$，成功的平均查找长度为 $\log_2(n+1)-1$，在此不证明公式。虽然二分查找的效率高，但是要将表按关键字排序，而排序本身是一种很费时的运算。另外，二分查找只适用于顺序存储结构，为保持表的有序性，在顺序结构里进行插入和删除操作时必须移动大量的节点。因此，二分查找特别适用于一经建立就很少改动而又经常需要查找的线性表。

微课 8-4：分块查找

动画 8-5：分块查找

8.2.3　分块查找

分块查找又称索引顺序查找，它是一种效率介于顺序查找和二分查找之间的查找方法。它要求按如下的索引方式来存储线性表：将表 $R[1,...,n]$ 均分为 b 块，前 $b-1$ 块中的节点个数为 $s=n/b$，第 b 块节点数小于等于 s；第 1 块中的关键字不一定有序，但前一块中的最大关键字必须小于后一块中的最小关键字，即要求表是"分块有序"的；抽取各块中的最大关键字及其起始位置构成一个索引表 $ID[1,...,b]$，即 $ID[i]$（$1 \leqslant i \leqslant b$）中存放着第 i 块的最大关键字及该块在表 R 中的起始位置。由于表 R 是分块有序的，因此索引是一个递增有序表。例如，图 8-5 就是满足上述要求的存储结构，其中 R 只有 18 个节点，被分成 3 块，每块有 6 个节点，第 1 块中的最大关键字 24 小于第 2 块中的最小关键字 25，第 2 块中的最大关键字 50 小于第 3 块中的最小关键字 52。

图 8-5　分块有序表的索引存储表示

分块查找的基本思想是：首先查找索引表，因为索引表是有序表，故可采用二分查找或顺序查找，以确定待查的节点在哪一块；然后在已确定的块中进行顺序查找。例如，在图 8-5 所示的存储结构中，查找关键字等于给定值 $K=25$ 的节点，因为索引表较小，不妨用顺序查找方法查找索引表。也就是首先将 K 依次和索引表中的各关键字比较，直到找到第 1 个关键字大小等于 K 的节点，由于 $K<50$，因此关键字为 25 的节点若存在，一定在第

2 块中；然后，找到第 2 块的起始地址 7，从该地址开始在 **R**[7,...,12]中进行顺序查找，直到 **R**[9].key=K 为止。若查找关键字等于给定值 K=40 的节点，则同理先确定第 2 块，然后在该块中查找。因该块中查找不成功，故说明表中不存在关键字为 40 的节点。

由于分块查找实际上是两次查找过程，故整个查找过程的平均查找长度是两次查找的平均查找长度之和。

若以二分查找来确定块，则分块查找成功时的平均查找长度为：$\log_2(n/s+1)+s/2$

若以顺序查找确定块，则分块查找成功时的平均查找长度为：$(s^2+2s+n)/2s$

分块查找的优点是，在表中插入或删除一个记录时，只要找到该记录所属的块，就在该块内进行插入和删除运算。因块内记录的存放是任意的，所以插入或删除比较容易，不需要移动大量记录。分块查找的主要代价是增加了一个辅助数组的存储空间和初始表分块排序的运算。

8.3　树上的查找

8.2 节介绍了 3 种查找法，其中二分查找效率最高。但由于二分查找要求表中的节点按关键字有序排列，又不能用链表作存储结构，因此当表的插入或删除操作频繁时，需要移动表中的很多节点，这种由移动节点引起的额外时间开销，就会抵消二分查找的优点。也就是说，二分查找只适用于静态查找表。若要对动态查找表进行高效率的查找，可采用本节介绍的二叉排序树来进行查找和修改操作。

8.3.1　二叉排序树的定义

二叉排序树（Binary Sort Tree，BST）定义为空树，或者是具有如下性质（BST 性质）的二叉树。

微课 8-5：二叉排序树的定义

① 若它的左子树非空，则左子树上所有节点的值均小于根节点的值。

② 若它的右子树非空，则右子树上所有节点的值均大于根节点的值。

③ 左、右子树本身又各是一棵二叉排序树。

从上述 BST 性质可以看出，二叉排序树中任一节点 X，其左子树中任一节点 Y（若存在）的关键字必小于 X 的关键字，其右子树中任一节点 Y（若存在）的关键字必大于 X 的关键字。在如此定义的二叉排序树中，各节点关键字是唯一的。但在实际应用中，不保证被查找的数据集中各元素的关键字互不相同，所以可将二叉排序树定义中 BST 性质①里的"小于"改为"小于或等于"，或将 BST 性质②里的"大于"改为"大于或等于"。

从 BST 性质可推出二叉排序树的另一个重要性质：按中序遍历该二叉树所得到的序列是一个递增有序序列。例如，图 8-6 所示的两棵二叉树均是二叉排序树，它们的中序序列均为有序序列，即 1,2,3,4,5,6。

（a）高度为3   （b）高度为5

图 8-6　二叉排序树示例

微课 8-6：二叉
排序树的生成

8.3.2　二叉排序树的插入和生成

　　在二叉排序树中插入新节点，要保证插入后仍满足 BST 性质。其插入过程是：若二叉排序树 T 为空，则为待插入的关键字 key 申请一个新节点，并令其为根；否则，将 key 和根的关键字比较，若 key<T→key，则将 key 插入根的左子树中，否则，将它插入根的右子树中。而子树中的插入过程与上述的树中的插入过程相同，如此进行下去，直到子树为空，将 key 作为一个新的叶子节点的关键字插入二叉排序树中。显然上述的插入过程是递归定义的，易于写出算法，其递归算法如下：

```c
//二叉树的链式存储结构类型的定义
typedef struct node
{
    int key;
    struct node *lchild,*rchild;
}BTreeNode;
void InsertBST(BTreeNode **T, int key)
{
    BTreeNode *s;
    if(*T==NULL)
    {
        s=(BTreeNode *)malloc(sizeof(BTreeNode));
        s->key=key;
        s->lchild=NULL;
        s->rchild=NULL;
        *T=s;  //记录根
    }
    else if(key<(*T)->key)
        InsertBST(&((*T)->lchild),key);
```

```
else
    InsertBST(&((*T)->rchild),key);
}
```

二叉排序树的生成从空的二叉排序树开始，每输入一个节点数据，就调用一次插入算法，将它插入当前已生成的二叉排序树中。生成二叉排序树的算法如下：

```
BTreeNode *CreateBST()
{
    int key;
    BTreeNode *root;
    root=NULL;
    scanf("%d",&key);
    while(key!=0)
    {
        InsertBST(&root,key);
        scanf("%d",&key);
    }
    return root;
}
```

动画 8-6：二叉
排序树的生成

图 8-7 所示为二叉排序树的生成过程示例，已知输入数据序列为 4,2,5,1,3,6，最终生成图 8-7（g）所示的结果，中序遍历的结果为 1,2,3,4,5,6。注意，输入数据的次序不同，生成的二叉排序树也就不同，但中序遍历的结果都相同。

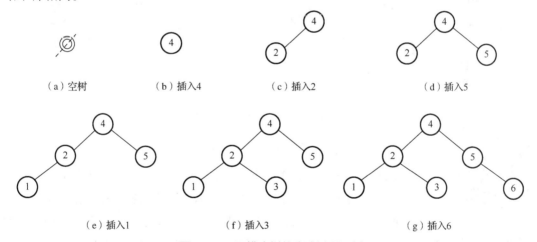

（a）空树　　　　（b）插入4　　　　（c）插入2　　　　（d）插入5

（e）插入1　　　　（f）插入3　　　　（g）插入6

图 8-7　二叉排序树的生成过程示例

8.3.3　二叉排序树的删除

从二叉排序树中删除一个节点，不能把以该节点为根的子树都删除，并且还要保证删除后所得的二叉树仍然满足 BST 性质。也就是说，在二叉排序树中删去一个节点就相当于删去有序序列中的一个节点。下面假设删除的节点为 p，其孩子节点为 child，其双亲节点为 parent。

微课 8-7：二叉
排序树的删除

数据结构（C语言版）（微课版）（第 2 版）

动画 8-7：二叉 动画 8-8：二叉 动画 8-9：二叉
排序树的删除 1 排序树的删除 2 排序树的删除 3

① 若 p 节点是叶子节点，则只需将 p 的双亲 parent 中指向 p 的指针域置空即可。

② 若 p 节点只有一个孩子节点 child，则只需将 child 和 p 的双亲直接连接，并删除 p 即可，具体删除过程如图 8-8 所示。

③ 若 p 节点有两个孩子节点，则寻找 p 节点中序的后继节点 q 替代 p 节点，然后按照第①种或者第②种情况删除 q 节点，具体删除过程如图 8-9 所示。

图 8-8　二叉排序树删除节点只有一个孩子节点的情况

图 8-9　二叉排序树删除节点有两个孩子节点的情况

微课 8-8：二叉
排序树的查找

8.3.4　二叉排序树的查找

因为二叉排序树可看作一个有序表，所以在二叉排序树上进行查找的方法与二分查找类似，也是一个逐步缩小查找范围的过程。在二叉排序树上进行查找，若查找成功，则是从根节点出发走了一条从根到待查节点的路径；若查找不成功，则是从根节点出发走了一条从根到某个叶子的路径。因此，该查找方法与二分查找类似，和关键字比较的次数不超过树的深度。对于图 8-6 所示的两棵二叉排序树，在图 8-6（a）中查找第 1 层的节点 4 需要比较 1 次，查找第 2 层的节点 2 和 5 各需要比较 2 次，查找第 3 层的节点 1、3 和 6 各需要比较 3 次；在图 8-6（b）中查找第 1 层的节点 1 需要比较 1 次，查找第 2 层的节点 2 需要比较 2 次，查找第 3 层的节点 4 需要比较 3 次，查找第 4 层的节点 3 和 6 各需要比较 4 次，查找第 5 层的节点 5 需要比较 5 次。在等概率的情况下，查找成功的平均查找长度如下：

148

图 8-6（a）二叉排序树的 $ASL=\sum_{i=1}^{n}p_ic_i=(1+2\times2+3\times3)/6=7/3\approx2.3$

图 8-6（b）二叉排序树的 $ASL=\sum_{i=1}^{n}p_ic_i=(1+2\times1+3\times1+4\times2+5\times1)/6=19/6\approx3.2$

由此可见，在二叉排序树上进行查找时的平均查找长度和二叉树的形态有关。在最坏的情况下，二叉排序树是通过把一个有序表的 n 个节点依次插入而生成的，此时所得的二叉排序树为一颗深度为 n 的单支树，它的平均查找长度和在单链表上的顺序查找相同。在最好的情况下，二叉排序树在生成的过程中，树的形态比较匀称。二叉排序树的查找算法如下：

```
BTreeNode*SearchBST(BTreeNode *T,int key)
{
    if(T==NULL||key==T->key)
        return T;
    if(key<T->key)
        return SearchBST(T->lchild,key);
    else
        return SearchBST(T->rchild,key);
}
```

8.4　散列技术

本节主要介绍散列表的概念、散列函数的构造方法和处理冲突的方法。

8.4.1　散列表的概念

微课 8-9：
散列表的概念

散列表（Hash Table），也叫哈希表，是根据关键码值（Key Value）而直接进行访问的数据结构。也就是说，它通过把关键码值映射到表中的一个位置来访问记录，以加快查找的速度。这个映射函数叫作散列函数，存放记录的数组叫作散列表。散列函数映射到散列表的示例如图 8-10 所示。对不同的关键字可能得到同一散列地址，即 $k_1\neq k_2$，而 $h(k_1)=h(k_2)$，这种现象称为冲突。具有相同函数值的关键字对该散列函数来说是同义词。

图 8-10　散列函数映射到散列表的示例

数据结构（C 语言版）（微课版）（第 2 版）

微课 8-10：散列
函数的构造方法

动画 8-10：
除留余数法

8.4.2 散列函数的构造方法

散列函数的构造方法一般包括：直接寻址法、数字分析法、平方取中法、折叠法、随机数法、除留余数法。在这里我们着重介绍一下除留余数法，其他几种方法大家可以在网上查询学习。

除留余数法是最为简单常用的一种方法，它以表长 m 来除关键字，取余数作为散列地址，即 $h(key) = key\%m$。该方法的关键就是选取 m。m 一般取为大于元素个数的第一个素数，若 m 选得不好，则容易产生同义词。如果给出一组数据（20,30,70,14,8,12,18,60,1,11），因为一共有 10 个数据，所以 m 应该选取大于 10 的第一个素数 11，散列函数 $h(key) = key\%11$，具体存储过程如图 8-11 所示。

散列地址	0	1	2	3	4	5	6	7	8	9	10
关键字	11	12		14	17	60		18	30	20	

同义词1   同义词8

图 8-11　除留余数法数据存储示例

8.4.3 处理冲突的方法

图 8-11 中的数据 1 和 12 是同义词，遇到冲突了；8 和 30 也是同义词，同样遇到冲突了，到底怎么解决冲突呢？处理冲突的方法包括开放定址法和拉链法。

微课 8-11：开放
定址法解决冲突

动画 8-11：开放
定址法解决冲突

1. 开放定址法

开放定址法，就是在表中某个存储单元发生冲突时，去探测未存储数据的存储单元，将关键字存入空的存储单元。寻找空的存储单元的方法有很多，下面介绍开放定址法中的线性探查法。

假设散列表表长为 m，关键字个数为 n，若在 d 单元发生冲突，则依次探查 $d+1,d+2,\cdots,m-1,0,1,\cdots,d-1$ 单元，直到找到一个空的存储单元，把发生冲突的关键字存入该单元即可。用线性探查法解决冲突的公式为：

$$h(key)=(h(key)+i)\%m \qquad i=1,2,\cdots,m-1$$

利用开放定址法解决图 8-11 中的冲突，结果如图 8-12 所示。数据 1 遇到 12 发生冲突后，向后寻找到空的下标为 2 的存储单元并存入；数据 8 遇到 30 发生冲突后，向后寻找到空的下标为 10 的存储单元并存入。

散列地址	0	1	2	3	4	5	6	7	8	9	10
关键字	11	12	1	14	17	60		18	30	20	8

图 8-12　开放定址法解决冲突的示例

2. 拉链法

拉链法解决冲突的方法是将散列表中地址相同的关键字连接形成一个单链表，每个单链表第一个节点的地址对应存储在散列表相应的存储单元中。利用拉链法解决图 8-11 中的冲突，结果如图 8-13 所示。

微课 8-12：拉链
法解决冲突

动画 8-12：
拉链法解决冲突

图 8-13　拉链法解决冲突的示例

有了二叉排序树的建立、二叉排序树的查找等相关知识的储备，接下来就可以完成实例的设计了。

实例分析与实现

1. 实例分析

首先，从记事本中依次读取每一行通讯录内容，将读取的所有教师信息按照年龄生成二叉排序树，如图 8-14 所示。然后，分别通过对二叉排序树的先序遍历显示所有教师的信息，通过对二叉排序树的后序遍历按照姓名查询某位教师的信息，通过对二叉排序树的后序遍历按照学院查询该学院所有教师的信息；最后，通过对二叉排序树的中序遍历输出青年教师（≤35 岁）的信息，在遍历过程中，如果某个节点的年龄值大于 35，那么不再需要遍历该节点的右子树。

图 8-14　生成二叉排序树

2. 项目代码

代码清单 8.1：

```c
#include "stdio.h"
#include "stdlib.h"
//通讯录结构体类型定义
typedef struct node
{
    int age;
    char nam[10],dep[10],tel[12];
    struct node *lchild,*rchild;
}BTreeNode;
//按照年龄生成二叉排序树
void InsertBST(BTreeNode **T,FILE *fp)
{
    BTreeNode *p=*T,*f,*q;
    q=(BTreeNode *)malloc(sizeof(BTreeNode));
    fscanf(fp,"%s%s%d%s\n",q->nam,q->dep,&q->age,q->tel);
    q->lchild=NULL;
    q->rchild=NULL;
    if(*T==NULL)
    {
        *T=q;  //记录根
        return;
    }
    while(p!=NULL)
    {
        f=p;
        p=(p->age>q->age)?p->lchild:p->rchild;
    }
    if(f->age>q->age)
        f->lchild=q;
    else
        f->rchild=q;
}
//读取文件内容
void ReadFile(BTreeNode **T)
{
    FILE *fp;
    if((fp=fopen("11.txt","r"))==NULL)
    {
```

```
            printf("读文件失败!\n");
        }
    while(!feof(fp))
        InsertBST(T,fp);
    fclose(fp);
}
//先序遍历显示所有教师的信息
void PreOrder(BTreeNode *T)
{
    if(T!=NULL)
    {
        printf("%-8s %-10s %-4d %-12s\n",T->nam,T->dep,T->age,T->tel);
        PreOrder(T->lchild);
        PreOrder(T->rchild);
    }
}
//中序遍历按年龄查询教师信息
void InOrder(BTreeNode *T)
{
    if(T!=NULL)
    {
        InOrder(T->lchild);
        if(T->age<=35)
        {
            printf("%-8s %-10s %-4d %-12s\n",T->nam,T->dep,T->age,T->tel);
            InOrder(T->rchild);
        }
    }
}
//后序遍历按姓名查询教师信息
void PostOrder1(BTreeNode *T,char *p)
{
    if(T!=NULL)
    {
        PostOrder1(T->lchild,p);
        PostOrder1(T->rchild,p);
        if(strcmp(T->nam,p)==0)
            printf("%-8s %-10s %-4d %-12s\n",T->nam,T->dep,T->age,T->tel);
    }
}
//后序遍历按学院查询教师信息
void PostOrder2(BTreeNode *T,char *p)
```

```
{
    if(T!=NULL)
    {
        PostOrder2(T->lchild,p);
        PostOrder2(T->rchild,p);
        if(strcmp(T->dep,p)==0)
            printf("%-8s %-10s %-4d %-12s\n",T->nam,T->dep,T->age,T->tel);
    }
}
main()
{
    int select,f=1;
    char nam[10],dep[10];
    BTreeNode *T=NULL;
    printf("                通讯录查询系统                          \n");
    printf("------------------------------------------------------\n");
    printf("1.显示所有教师 2. 按姓名查询 3.按学院查询
            4.输出青年教师 5.退出系统\n");
    printf("------------------------------------------------------\n");
    ReadFile(&T);    //读取文件内容
    while(f==1)
    {
    printf("请输入选项:");
    scanf("%d",&select);
    switch(select)
    {
        case 1:PreOrder(T);
                printf("------------------------------\n");break;
        case 2:printf("请输入要查找的姓名:");
                scanf("%s",nam);PostOrder1(T,nam);
                printf("------------------------------\n");break;
        case 3:printf("请输入要查找的学院:");
                scanf("%s",dep);PostOrder2(T,dep);
                printf("------------------------------\n");break;
        case 4:printf("青年教师通讯录:\n");InOrder(T);
                printf("------------------------------\n");break;
        case 5:f=0;
    }
    }
}
```

3. 结果验证

结果验证如图 8-15 所示。

图 8-15   结果验证

该实例主要涉及二叉排序树的生成与查找等知识，通过对下面进阶案例的学习，读者可以更好地掌握和应用二分查找等知识。

进阶案例——电路检修问题解决方案

1. 案例介绍

在风雨交加的夜里，从某水库闸房到防洪指挥部的电话线路发生了故障，这是一条10km 长的线路，共有 200 根电线杆，如何迅速查出故障所在？如果沿着线路一小段一小

拓展阅读 9：
团队合作精神

段去查找，困难很多，每检查一个点就要爬一次电线杆，那么线路维修工人怎样工作才最合理呢？

2. 案例分析

对于生活中的一些故障排查、人员查询等问题，都可以采用二分查找的思想来处理这类问题，其过程比较省事，速度比较快。由于共有 200 根电线杆，设闸房和指挥部所在点分别为 1 和 200，维修工人首先从中间点 100 开始检查，用随身带的话机向两端测试时，发现 1～100 段正常，断定故障在 101～200 段；再到 101～200 段的中间点 150 检查，发现 150～200 段正常，可见故障在 101～149 段；再到 101～149 段的中间点 125 检查，这样每查一次，就可以把待查线路长度缩减为一半，故最多经过 7 次检查就可以确定线路故障所在地。

3. 项目代码

代码清单 8.2：

```c
#include "stdio.h"
//电线杆结构类型
struct Circuit
{
  int id;  //电线杆编号
  int tag; //0 表示存在线路问题，1 表示线路前半段正常，-1 表示线路后半段正常
}C[200];
main()
{
  int i,low=0,high=199,mid;
  //给每个电线杆编号，使用状态赋值
  for(i=0;i<199;i++)
  {
    C[i].id=i+1;
    C[i].tag=1;
  }
  while(low<=high)
  {
    mid=(low+high)/2;
    printf("请输入第%d 个电杆线路状态:",mid+1);
    scanf("%d",&C[mid].tag);
    if(C[mid].tag==0)  //线路故障查找成功
    {
      printf("第%d 个电杆线路存在问题!\n",mid+1);
      break;
    }
```

```
    if(C[mid].tag==1)  //线路前半段正常
        low=mid+1;
    if(C[mid].tag==-1)  //线路后半段正常
        high=mid-1;
  }
  if(low>high)
     printf("线路检修失败!\n");
}
```

本章小结

本章首先描述了通讯录查询系统的方案设计实例；然后介绍了查找的概念、顺序查找、二分查找、分块查找、树上的查找，以及散列技术；最后进行了实例的分析、程序设计与结果验证，并进行了进阶案例的分析与实现。其中顺序查找、二分查找、树上的查找是重点内容，散列技术是难点内容。

通过本章的学习，读者应该能理解各种查找的基本思想，以及查找成功和不成功的概念；熟练掌握顺序表、有序表、索引表、二叉排序树等各种查找方法和算法；掌握散列函数的构造方法及解决冲突的方法，并能够运用本章知识解决实际应用问题。

同步训练

一、填空题

1. 采用二分查找，要求线性表必须是_____存储的_____表。

2. 对于二叉排序树的查找，若根节点元素的键值大于被查找元素的键值，则应该在该二叉树的_____上继续查找。

3. 在查找过程中，若同时还要做插入和删除操作，则这种查找称为_____。

4. 分块查找的主表被分成若干块，各块之间_____，块内无序。

二、选择题

1. 顺序查找适用于存储结构为（　　）的线性表。

　　A. 散列存储　　　　　　　　　B. 顺序存储或链式存储
　　C. 压缩存储　　　　　　　　　D. 索引存储

2. 在散列函数 $h(k)=k \% m$ 中，一般 m 取（　　）。

　　A. 奇数　　　　　B. 偶数　　　　　C. 素数　　　　　D. 充分大的数

3. 散列表的地址区间为 0～16，散列函数为 $h(k)=k\%17$，采用线性探查法解决冲突，将关键字序列 26,25,72,38,1,18,59 依次存储到散列表中，则元素 59 在散列表中的地址为（　　）。

　　A. 8　　　　　　B. 9　　　　　　C. 10　　　　　　D. 11

4. 设有序表的关键字序列为 1,4,6,10,18,35,42,53,67,71,78,84,92,99，当用二分查找法查找键值为 84 的节点时，经（　　）次比较后查找成功。

    A. 2　　　　　　　　B. 3　　　　　　　　C. 4　　　　　　　　D. 12

三、应用题

1. 已知散列函数为 $h(k)=k\%13$，关键字序列为 19,01,23,14,55,20,84,27,68,11,10,77，处理冲突的方法为线性探查法，散列表长度为 13，试画出该散列表。

2. 从空树起，依次插入关键字 48,27,11,52,73,35,66，画出插入完成后所构造的二叉排序树，并计算在等概率查找的假设下，查找成功时的平均查找长度。

四、算法设计题

1. 设计一个递归的二分查找算法。

2. 设计一个算法统计二叉排序树中节点的值大于 a 的节点个数。

第 ⑨ 章 排序的分析与应用

学习目标

- 了解排序的定义及相关概念。
- 熟练掌握各种排序方法的基本思想及实现方法。
- 掌握各种排序方法时间复杂度和稳定性的分析方法。
- 了解各种排序方法的适用场合。

实例描述——学生奖学金评定系统设计

某大学奖学金评定办法如下：学生综合积分由文化积分和德育积分构成，文化积分是所有课程成绩总和除以课程门数，即平均分，德育积分是参加各类活动的积分，学生综合积分=文化积分×70%+德育积分×30%。按照学生综合积分排名，2%的学生获得一等奖学金，8%的学生获得二等奖学金，15%的学生获得三等奖学金，系统要求输入班级学生成绩信息，输出获得奖学金的学生名单。已知学生的成绩信息包括学号、姓名以及英语、网络、C 语言、数据库课程的成绩和文化积分、德育积分、综合积分，系统的运行结果如图 9-1 所示。该实例涉及冒泡排序等知识。

（a）输入 36 名同学信息截图

图 9-1　学生奖学金评定系统运行结果

（b）36名同学综合积分排名截图

（c）奖学金评定结果截图

图 9-1　学生奖学金评定系统运行结果（续）

知识储备

排序是计算机内经常进行的一种操作，其目的是将一组"无序"的记录序列调整为"有序"的记录序列。排序算法有很多种，但由于实际中参与排序的记录的数量、记录本身的信息量及记录中关键码的分布不同，因此需要根据以上情况选择合适的排序算法，以提高程序的运行效率。

9.1 排序的基本概念

本节主要介绍排序的定义、内部排序和外部排序、稳定排序和不稳定排序。

微课 9-1：排序的基本概念

9.1.1 排序的定义

排序的记录有简单和复杂之分，例如将关键字序列 12,45,9,23,90,77,65 调整为 9,12,23,45,65,77,90，这是一个简单关键字序列的排序。

例如，表 9-1 是一个学生成绩表，其中包含学生学号、姓名、成绩 3 个数据项。可以按主关键字"学号"进行排序，也可以按次关键字"成绩"进行排序。

表 9-1 学生成绩表

学号	姓名	成绩
31101001	王菲	90
31101002	周董	87
31101007	飞儿	77
31101006	石头	90
31101005	刘欢	95

下面给出排序的一个确切定义：假设含 n 个记录的序列为 $\{R_1, R_2, ..., R_n\}$，其相应的关键字序列为 $\{K_1, K_2, ...,K_n\}$，这些关键字相互之间可以进行比较，即在它们之间存在着这样一个递增（或递减）的关系：

$$K_{p1} \leqslant K_{p2} \leqslant ... \leqslant K_{pn}$$

按此固有关系将上式记录序列重新排列为：

$$\{R_{p1}, R_{p2}, ..., R_{pn}\}$$

上述操作就称为排序。

从上面的例子可以看出，关键字 K_i 可以是记录 R_i 的主关键字，也可以是记录 R_i 的次关键字。若 K_i 是记录 R_i 的主关键字，则任何一个记录的无序序列经过排序后得到的结果是唯一的；若 K_i 是记录 R_i 的次关键字，则经过排序后得到的结果可能不唯一。这是因为在待排序的记录序列中可能存在两个或两个以上关键字相等的记录。在表 9-1 中，按成绩进行排序时，因为有两个学生的成绩都是 90，所以会出现两种不同的排序结果。

9.1.2 排序的相关术语

1．内部排序

若整个排序过程不需要访问外存便能完成，则称此类排序为内部排序。内部排序适合排序记录较少时使用。

2．外部排序

由于待排序记录数据量太大，内存无法容纳全部数据，排序需要借助外部存储设备才能完成，这样的排序称为外部排序。

3．稳定排序和不稳定排序

假设 $K_i=K_j$（$1 \leqslant i \leqslant n$，$1 \leqslant j \leqslant n$，$i \neq j$），若在排序前的序列中 R_i 领先于 R_j（即 $i<j$），经过排序后得到的序列中 R_i 仍领先于 R_j，则称所用的排序方法是稳定的；若相同关键字的先后次序在排序过程中发生变化，则称所用的排序方法是不稳定的。

例如，（为了便于区分，相同关键字的其中一个带方框字符）若排序前的序列为(56, 34, 47, 23, 66, 18, 82, 47̄)，排序后的结果为(18, 23, 34, 47, 4̄7̄, 56, 66, 82)，则称该排序方法是稳定的；若排序后的结果为(18, 23, 34, 47, 47, 56, 66, 82)，则称该排序方法是不稳定的。

本章主要介绍的是内部排序。内部排序的方法有很多，但无论是哪种排序过程，通常都要进行两种基本操作。

① 比较两个记录关键字的大小。

② 根据比较结果，将记录从一个位置移到另一个位置。

因此，在分析排序算法的时间复杂度时，主要分析关键字的比较次数和记录移动次数。

为了方便讨论，本章讨论的排序算法中的待排序记录均使用顺序结构存储，且假定记录的关键字均为整数。另外，假定待排序的记录是按递增顺序进行排序的。其排序记录的数据类型定义如下：

```
typedef int KeyType;      //重定义关键字类型为整型，也可以为其他类型
typedef struct
{  KeyType key;           //关键字域
}LineList;                //线性查找表类型
```

4. 内部排序方法

内部排序的过程是一个逐步扩大记录的有序序列长度的过程，如图 9-2 所示。

图 9-2　内部排序的过程

基于不同的"扩大"有序序列长度的方法，内部排序方法大致可分为插入类、交换类、选择类、归并类等。

9.2　插入排序

插入类排序是将无序子序列中的一个或几个记录"插入"有序序列中，从而增加记录的有序子序列的长度的排序方法。

一趟插入排序的基本思想如图 9-3 所示。

图 9-3　一趟插入排序的基本思想

实现"一趟插入排序"可分以下 3 步进行。

第 1 步：在 $R[1,...,i-1]$ 中查找 $R[i]$ 的插入位置，$R[1,...,j].key \leqslant R[i].key < R[j+1,...,i-1].key$。

第 2 步：将 $R[j+1,...,i-1]$ 中的所有记录均后移一个位置。

第 3 步：将 $R[i]$ 插入（复制）$R[j+1]$ 的位置上。

不同的实现方法导致了不同的算法描述，具体分为直接插入排序和希尔排序。

9.2.1 直接插入排序

直接插入排序是最简单的排序方法之一，它的基本思想是依次将记录序列中的每一个记录插入有序段中，使有序段的长度不断地扩大。直接插入排序实例演示如图 9-4 所示，要将 4 名学生按照身高从低到高排列，第 1 名学生先站好，第 2 名学生和第 1 名比较身高后站到相应位置，第 3 名学生和已排好队的队尾学生比较，如果身高低于队尾学生，那么再和前一个学生比较，直到找到合适位置，第 4 名学生以此类推。

微课 9-2：直接
插入排序

动画 9-1：直接
插入排序

图 9-4 直接插入排序实例演示

有 n 个记录的无序序列具体的排序过程如下。

① 将待排序记录序列中的第一个记录作为一个有序段，此时这个有序段中只有一个记录。

② 从第二个记录起到最后一个记录，依次将记录和前面有序段中的记录比较，确定记录插入的位置。

③ 将记录插入有序段中，有序段中的记录个数加 1，直至有序段长度和原来待排序列长度一致时排序结束。一共经过 n-1 趟排序就可以将初始序列的 n 个记录重新排列成按关键字值从小到大排列的有序序列。

【例 9.1】有一组待排序的记录序列，它有 n=7 个记录，其关键字的初始序列为{32,15,6,48,19,15,49}，请给出直接插入排序的过程。

为了防止在比较过程中数组下标的溢出，我们设一个监视哨 R[0]，即先将要比较的关键字存入监视哨 R[0]中，然后再用 R[0]从后向前进行比较。若 R[0]小于所比较的关键字，则将该关键字向后移一位，并且继续向前比较，直到 R[0]大于等于所比较的关键字时结束。因为是边比较边移动记录，所以当前比较记录后面的位置是空出来的，直接将 R[0]存入即可。

直接插入排序的过程如图 9-5 所示。

动画 9-2：直接
插入排序

图 9-5　直接插入排序的过程

算法的实现要点如下。

① 从 R[i-1]起向前进行顺序查找，为了防止溢出，监视哨设置在 R[0]中，数据移动前示意图如图 9-6 所示。

图 9-6　数据移动前示意图

```
R[0]=R[i]; // 设置监视哨
for(j=i-1;R[0].key<R[j].key;j--) //从后往前找，循环结束表明 R[i]的插入位置为 j+1
```

② 对于在查找过程中找到的那些关键字大于 R[i].key 的记录，在查找的同时实现记录的向后移动，记录移动后的状态如图 9-7 所示。

图 9-7 记录移动后状态

```
for(j=i-1;R[0].key<R[j].key;j--)
    R[j+1]=R[j];
```

上述循环结束后可以直接进行"插入"操作，$R[j+1]=R[0]$。

③ 令 $i=2,3,…,n$，实现整个序列的排序：

```
for(i=2;i<=n;i++ )
  if(R[i].key<R[i-1].key)
  {
     R[0].key=R[i].key;
     //在 R[1,…,i-1]中查找 R[i]的插入位置
     //插入 R[i]
  }
```

直接插入排序法的算法描述如下：

```
void inerSort(LineList R[],int n)
{
    int i,j;
    for(i=2;i<=n;i++)
     if(R[i].key<R[i-1].key)
     {
         R[0].key=R[i].key;
         for(j=i-1;R[0].key<R[j].key;j--)
             R[j+1]=R[j];
         R[j+1]=R[0];
     }
}
```

算法分析如下。

从排序过程中"比较"和移动记录的次数来进行算法分析。

① 最好的情况（关键字在记录序列中顺序有序）。

"比较"的次数如下：

$$\sum_{i=2}^{n}1 = n-1$$

"移动"的次数如下：

$$0$$

② 最坏的情况（关键字在记录序列中逆序有序）。

"比较"的次数如下：

$$\sum_{i=2}^{n}(i+1)=\frac{(n+4)(n-1)}{2}$$

"移动"的次数如下：

$$\sum_{i=2}^{n}(i+1)=\frac{(n+4)(n-1)}{2}$$

由上述分析可知，在最好的情况下，算法的时间复杂度 $T(n)=O(n)$；在最坏的情况下，算法的时间复杂度 $T(n)=O(n^2)$。可以证明，直接插入排序的平均时间复杂度 $T(n)=O(n^2)$。由上述的算法描述可知，直接插入排序是一个稳定的排序方法。

直接插入排序算法简单、容易实现，适用于待排序记录基本有序或待排序记录较少的序列。当待排序的记录个数较多时，大量的比较和移动操作会降低直接插入排序算法的效率。

9.2.2 希尔排序

微课 9-3：希尔排序

希尔排序（Shell's Sort）又称缩小增量排序，它是直接插入排序的一种改进方法。

由直接插入排序的算法分析可知，直接插入排序的效率取决于记录的个数及记录的原始顺序，那么改进算法应该从减少待排序记录个数和使整个序列向"基本有序"方向发展这两个方面着手，所以希尔排序的基本思想为：对待排记录序列先做"宏观"调整，再做"微观"调整。"宏观"调整是指"跳跃式"地分组进行排序（每组记录少），使得整个序列"基本有序"。"微观"调整是指在整个序列"基本有序"后，进行直接插入排序使整个序列"完全有序"。希尔排序的具体过程如下。

① 取定一个正整数 d_1（$d_1<n$），把 d_1 作为间隔值，把全部记录从第一个记录起进行分组，所有距离为 d_1 倍数的记录放在一组中，在各组内进行直接插入排序。

例如：将 n 个记录分成 d_1 个子序列的方法。

$$\{R[1],R[1+d_1],R[1+2d_1],...,R[1+kd_1]\}$$
$$\{R[2],R[2+d_1],R[2+2d_1],...,R[2+kd_1]\}$$
$$...$$

$$\{R[d_1],R[2d_1],R[3d_1],...,R[kd_1],R[(k+1)d_1]\}$$

② 取一个正整数 $d_2<d_1$，重复上述分组和排序工作，直至取 $d_i=1$ 为止，即所有记录在一个组中进行直接插入排序。

希尔排序算法的时间性能是所取增量的函数，而到目前为止尚未有人求得一种最好的增量序列。希尔提出的方法是：$d_1=\left\lfloor\dfrac{n}{2}\right\rfloor$，$d_{i+1}=\left\lfloor\dfrac{d_i}{2}\right\rfloor$。

【例 9.2】已知待排序的一组记录的关键字初始排列为{25,36,12,68,45,16,37,22}，请给出希尔排序的过程。

按照希尔排序，其排序过程如图 9-8 所示。

图 9-8 希尔排序示例

动画 9-3：希尔
排序法

算法的实现要点如下。

① 在插入记录 **R**[*i*]时，自 **R**[*i-d*]起往前跳跃式（跳跃幅度为 *d*）搜索待插入位置。

② 在搜索过程中，记录后移也是跳跃 *d* 个位置。

③ 在整个序列中，前 *d* 个记录分别是 *d* 个子序列中的第一个记录，所以从第 *d*+1 个记录开始进行插入。

希尔排序的具体算法如下：

```
void shellSort(LineList R[],int n)
{
    int i,j,d;
    d=n/2;          //初始步长为表长的一半
    while(d>0)    //直到 d 为 1
    {
    for(i=d+1;i<=n;i++)   //对每组进行直接插入排序
        if(R[i].key<R[i-d].key)
        {
        R[0].key=R[i].key;
        for(j=i-d;j>0&&R[0].key<R[j].key;j=j-d)
            R[j+d]=R[j];
        R[j+d]=R[0];
        }
        d=d/2;    //缩小步长值
    }
}
```

算法分析如下。

希尔排序开始时增量较大，分组后每个子序列中的记录个数较少，*n* 值减小，n^2 更小，而 $T(n)=O(n^2)$，所以 $T(n)$ 从总体上看是减小了，从而排序速度较快。当增量较小时，虽然每个子序列中记录个数较多，但整个序列已基本有序，排序速度也较快。所以希尔排序可提高排序速度。

希尔排序的时间复杂度分析是一个数学上尚未解决的难题。研究表明，希尔排序的时间性能在 $O(n^2)$ 和 $O(n\log_2 n)$ 之间。希尔排序是一种不稳定的排序方法。

9.3 交换排序

微课 9-4：冒泡
排序

动画 9-4：冒泡
排序

交换排序是指"交换"无序序列中的记录，得到其中关键字最小或最大的记录，并将它加入有序子序列中，以此增加记录的有序子序列长度的排序方法。本节主要介绍冒泡排序法和快速排序法。

9.3.1 冒泡排序

冒泡排序是交换排序中一种简单的排序方法。冒泡排序的实例演示如图 9-9 所示，要将 4 名学生按照身高从低到高排列，第 1 名和第 2 名学生比较，如果第 1 名学生高于第 2 名学生就交换位置，然后第 2 名和第 3 名学生比较，如果第 2 名同学高于第 3 名学生就交换位置，第 3 名和第 4 名学生以此类推，一轮比较后最后一名学生一定是最高的，将这样的比较方法再继续重复操作两轮就完成排序了。

图 9-9　冒泡排序的实例演示

冒泡排序的基本思想是对所有相邻记录的关键字值进行比较，如果是逆序（$R[j]>R[j+1]$），则将其交换，最终达到有序化。其处理过程如下。

① 将整个待排序的记录序列划分成有序区和无序区。初始状态有序区为空，无序区包括所有待排序的记录。

② 对无序区从前向后依次将相邻记录的关键字进行比较，若逆序则将其交换，从而使得关键字值小的记录向上"飘"（左移），关键字值大的记录向下"沉"（右移）。

③ 每经过一趟冒泡排序，都使无序区中关键字值最大的记录进入有序区，对于由 n 个记录组成的记录序列，最多经过 $n-1$ 趟冒泡排序，就可以将这 n 个记录重新按关键字顺序排列。

在排序过程中，记录序列 $R[1,...,n]$ 的变化如图 9-10 所示。

$R[n-i+1]$

无序序列$R[1,…,n-i+1]$		有序序列$R[n-i+2,…,n]$

比较相邻记录，将关键字最大的记录交换到$n-i+1$的位置上　　第i趟冒泡排序

无序序列$R[1,…,n-i]$		有序序列$R[n-i+1,…,n]$

$R[n-i+1]$

图 9-10　冒泡排序过程示意图

【例 9.3】已知有 8 个待排序的记录，它们的关键字序列为{45,19,35,28,57,7,45̄,46}，请给出用冒泡排序法进行排序的过程。

冒泡排序的过程如图 9-11 所示，其中括号内表示有序区。

初始状态：　　　45，28，35，19，57，46，[45]，7

第一趟排序结果：28，35，19，45，46，[45]，7（57）

第二趟排序结果：28，19，35，45，[45]，7（46，57）

第三趟排序结果：19，28，35，45，7（[45]，46，57）

第四趟排序结果：19，28，35，7（45，[45]，46，57）

第五趟排序结果：19，28，7（35，45，[45]，46，57）

第六趟排序结果：19，7（28，35，45，[45]，46，57）

第七趟排序结果：7（19，28，35，45，[45]，46，57）

动画 9-5：冒泡
排序法

图 9-11　冒泡排序示例

从上例可以看出，序列中有 8 个待排序记录，每一趟排序在无序序列中寻找到一个最大值，共经过 7 趟冒泡排序，排序完成。

冒泡排序的算法如下：

```
void  BubbleSort1(LineList R[],int n)
{ int i,j;
  for(i=1;i<n;i++)                         //i 为比较趟数
    for(j=1;j<=n-i;j++)                     //一趟交换排序
      if(R[j].key>R[j+1].key)              //若逆序
       {R[0]=R[j];R[j]=R[j+1];R[j+1]=R[0];}  //用 R[0]作为中间变量实现交换
}
```

算法分析如下。

① 最好的情况（关键字在记录序列中顺序有序）：只需进行一趟冒泡。

"比较"的次数如下：$n-1$

169

"移动"的次数如下：0

② 最坏的情况（关键字在记录序列中逆序有序）：需进行 $n-1$ 趟冒泡。

"比较"的次数如下：

$$\sum_{i=n}^{2}(i-1)=\frac{n(n-1)}{2}$$

"移动"的次数如下：

$$3\sum_{i=n}^{2}(i-1)=\frac{3n(n-1)}{2}$$

微课9-5：快速
排序

因此，冒泡排序在最好的情况下时间复杂度 $T(n)=O(n)$，在最坏的情况下时间复杂度 $T(n)=O(n^2)$，平均时间复杂度 $T(n)=O(n^2)$，空间复杂度 $S(n)=O(1)$。所以冒泡排序是一种稳定的排序方法。

9.3.2 快速排序

动画9-6：快速
排序

快速排序（Quick Sort）是对冒泡排序的一种改进。快速排序的实例演示如图 9-12 所示，将 1 号学生作为标准，从后面找一个比他矮的学生交换位置，再从前面找一个比他高的学生交换位置，直到他前面的学生都比他矮，后面的学生都比他高。

图 9-12　快速排序的实例演示

在冒泡排序中，记录的比较和移动是在相邻单元之间进行的，记录每次交换只能左移或右移一个单元，因而总的比较次数和移动次数较多，可以根据图 9-13 所示的思路进行改进。

图 9-13 冒泡排序的改进思路

快速排序的思路：通过一趟快速排序用一个记录（支点或枢轴）将待排序记录分割成独立的两部分，前一部分记录的关键码均小于或等于轴值，后一部分记录的关键码均大于或等于轴值，然后分别对这两部分再进行快速排序，直到每个部分为空或只包含一个记录，整个快速排序结束。

假设数组 $R[0]$ 元素不存储数据，用 $R[0]$ 暂时存放支点记录，一趟快速排序过程如下。

① 对 $R[s,...,t]$ 中记录进行一趟快速排序，附设两个指针 i 和 j，设枢轴记录 $R[0]=R[s]$，初始时令 $i=s$，$j=t$。

② 从 j 所指的记录开始从后向前扫描，搜索第一个关键字小于 $R[0].key$ 的记录 $R[j]$，并复制到 $R[s]$ 处，i 加 1，使关键码小（同轴值相比）的记录移动到前面去。

③ 再从 i 所指的记录开始从前向后扫描，搜索第一个关键字大于 $R[0].key$ 的记录 $R[i]$，并复制到 $R[j]$ 处，j 减 1，使关键码大（同轴值比较）的记录移动到后面去。

④ 重复上述两步，直至 $i=j$ 为止。

⑤ 把 $R[0]$ 复制到记录 $R[i]$（或 $R[j]$）处。

【例 9.4】已知一个无序序列 {32,42,7,48,15,48,12,18}，给出对其进行快速排序的过程。

完整的快速排序是首先对无序的记录序列进行"一次划分"，然后分别对分割所得的两个子序列"递归"进行快速排序，如图 9-14 所示。

图 9-14 完整的快速排序示意图

一趟快速排序的过程如图 9-15 所示。

图 9-15　一趟快速排序的过程

快速排序法的算法如下：

```
void QuickSort(LineList R[],int first,int end)
{  int i,j;
   LineList temp;
   i=first; j=end; temp=R[i]; R[0]=R[i];              //初始化
   while(i<j)
   {   while (i<j && R[0].key<=R[j].key)  j--;         //从右端开始扫描
       if(i<j){R[i]=R[j];i++;}
       while (i<j && R[0].key>=R[i].key)  i++;          //从左端开始扫描
       if(i<j){R[j]=R[i];j--;}
   }
   R[i]=R[0];
   if (first<i-1)  QuickSort(R,first,i-1);             //对左侧分区域进行递归快速排序
   if (i+1<end)  QuickSort(R,i+1,end);                 //对右侧分区域进行递归快速排序
}
```

算法分析如下。

① 时间复杂度最好情况（每次总是选到中间值作为枢轴）：$T(n)=O(n\log_2n)$。时间复杂

度最坏情况（每次总是选到最小或最大元素作为枢轴）：$T(n)=O(n^2)$。

② 空间复杂度：需栈空间以实现递归。

最坏情况：$S(n)=O(n)$。一般情况：$S(n)=O(\log_2 n)$。

从上面的分析可以看出，快速排序在待排序记录不规则分布的情况下效率较高，所以快速排序是一种不稳定的排序方法。

9.4 选择排序

选择排序是指从记录的无序子序列中"选择"关键字最小或最大的记录，并将它加入有序子序列中，以此增加记录的有序子序列长度的排序方法。本节主要介绍直接选择排序法和堆排序法。

9.4.1 直接选择排序

直接选择排序是一种简单的排序方法。直接选择排序的实例演示如图 9-16 所示，要将 4 名学生按照身高从低到高排列，先将第 1 名学生和后面所有学生中身高最低而且比第 1 名学生身高也低的学生交换位置，再将第 2 名学生和后面所有学生中身高最低而且比第 2 名学生身高也低的学生交换位置，第 3 名学生以此类推，直到排序完成。

微课 9-6：直接
选择排序

动画 9-8：直接
选择排序

图 9-16　直接选择排序的实例演示

直接选择排序的基本思想是：每一趟在 $n-i+1$（$i=1,2,3,...,n-1$）个记录中选取关键字最小的记录作为有序序列中的第 i 个记录，如图 9-17 所示。

173

图 9-17　直接选择排序示意图

直接选择排序的具体过程如下。

① 设置一个整型变量 *index*，用于记录在一趟的比较过程中，当前关键字值最小的记录位置。首先将 *index* 设定为当前无序区域的第一个位置，即 *index=i*，即假设这个位置的关键字最小；然后将它与无序区域中的其他记录进行比较，若发现有比它的关键字还小的记录 *j*，就将 *index* 改为这个新的最小记录位置，即 *index=j*；随后再用 **R**[*index*].key 与后面的记录进行比较，并根据比较结果，随时修改 *index* 的值。一趟结束后 *index* 中保留的就是本趟选择的关键字最小的记录位置。

② 将 *index* 位置的记录交换到有序区域的第 *i* 个位置，使得有序区域增加了一个记录，而无序区域减少了一个记录。

③ 重复①、②，直到无序区域剩下一个记录为止。此时所有的记录已经按关键字从小到大的顺序排列。

【例 9.5】已知一个无序序列 {42,7,48,15,48,25,18}，给出对其进行直接选择排序的过程。

直接选择排序的过程如图 9-18 所示。

动画 9-9：直接
选择排序

图 9-18　直接选择排序的过程

直接选择排序法（该算法中的 **R**[0]不存放记录，只作为记录交换的中间变量使用）的算法设计如下：

```
void selectSort(LineList R[], int n)
{   int i,j,index;
    for(i=1;i<n;i++)
    {   index=i;
        for(j=i+1;j<=n;j++)
            if(R[j].key<R[index].key)  index=j;
        if(index!=i)
        { R[0]=R[i];R[i]=R[index];R[index]=R[0]; }
    }
}
```

算法分析如下。

① 时间复杂度：记录移动次数在最好的情况下为 0，在最坏的情况下为 3(n-1)。比较次数为：

$$\sum_{i=1}^{n-1}(n-i)=\frac{n(n-1)}{2}$$

所以 $T(n)=O(n^2)$。

② 空间复杂度：$S(n)=O(1)$。

9.4.2 堆排序

堆排序是另一种基于选择的排序方法。这里先介绍一下什么是堆，再介绍如何利用堆进行排序。

由 n 个元素组成的序列 $\{k_1,k_2,...,k_{n-1},k_n\}$ 当且仅当满足如下关系时，被称为堆：

微课 9-7：
堆排序

$$\begin{cases} k_i \le k_{2i} \\ k_i \le k_{2i+1} \end{cases} 或 \begin{cases} k_i \ge k_{2i} \\ k_i \ge k_{2i+1} \end{cases} \quad 其中\ i=1,2,3,...,\lfloor n/2 \rfloor$$

若将堆看成一棵以 k_1 为根的完全二叉树，则这棵完全二叉树中的每个非终端节点的值 k_i 均不大于（或不小于）其左、右孩子节点的值。由此可以看出，若一棵完全二叉树是堆，则根节点一定是这 n 个节点中的最小者或最大者。一般情况下，堆顶元素为最小值时，该堆称为小根堆；堆顶元素为最大值时，该堆称为大根堆。

例如，下列 **A**、**B** 两个序列为堆，对应的完全二叉树如图 9-19 所示。序列 **A**={76,32,24,22,16,7,15,18,21}构成的是大根堆，序列 **B**={6,11,19,23,38,27}构成的是小根堆。

堆排序的基本思想：将 n 个无序序列建成一个堆，从堆顶得到关键字最小（或最大）的记录；然后将它从堆中移走，并将剩余的 n-1 个记录再调整成堆，这样又找出了 n-1 个记录中的次小（或次大）的记录，以此类推，直到堆中只有一个记录为止，最后从堆中移出最后一个记录，每个记录按照出堆的顺序排列就是一个有序序列。

（a）大根堆　　　　　　　　　　　　　　（b）小根堆

图 9-19　堆的示例

首先介绍一下筛选的概念，将根节点值与左、右子树的根节点值进行比较，并与其中的小者进行交换；重复上述操作直至叶子节点，将得到新的堆，这个从堆顶至叶子的调整过程称为"筛选"。

动画 9-10：构造
小根堆

堆排序的关键步骤为以下两步。

① 构造堆，即将一个无序序列建成初始堆；从无序序列的第$\lfloor n/2 \rfloor$个元素（此无序序列对应的完全二叉树的最后一个非终端节点）起，到第一个元素止，进行反复筛选。

② 调整堆，即在输出堆的根节点之后，用堆中最后一个元素替代这个节点，并调整剩余元素成为一个新的堆。

筛选算法如下：

```
int sift(LineList r[],int k,int m)
{  //要筛选节点的编号为 k，堆中最后一个节点的编号为 m
    int i,j; LineList x;
    i=k;x=r[i];j=2*i;           //将筛选记录暂存 x 中
    while(j<=m)
    {   if((j<m)&&(r[j].key>r[j+1].key))
          j++;                  //左、右孩子节点中小的节点为 r[j]
        if(x.key>r[j].key)
        {  r[i].key=r[j].key;
           i=j;
           j*=2;
        }
        else   j=m+1;
    }
    r[i]=x;                     //将筛选记录移到正确位置
}
```

算法描述如下。

```
for(i=n/2;i>=1;i--)
  sift(r,i,n);                    //筛选算法
```

堆排序过程：利用上述算法构造好大根堆以后，进行 *n*-1 次筛选即可完成整个排序过程。

【例 9.6】已知一组无序关键字序列为{76,50,65,49,97,15,38,27}，写出该序列进行堆排序的过程。

堆排序的过程如图 9-20 所示。

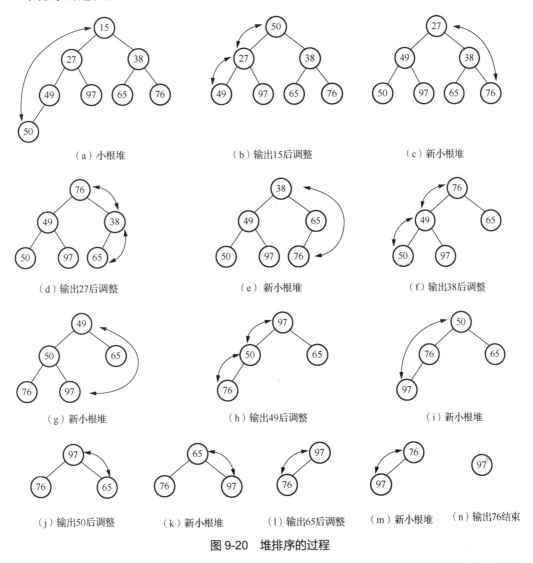

 （a）小根堆   （b）输出15后调整   （c）新小根堆

 （d）输出27后调整   （e）新小根堆   （f）输出38后调整

 （g）新小根堆   （h）输出49后调整   （i）新小根堆

 （j）输出50后调整   （k）新小根堆   （l）输出65后调整   （m）新小根堆 （n）输出76结束

图 9-20　堆排序的过程

堆排序算法描述如下：

```
void heapsort(LineList r[],int n) //对 r[1]到 r[n]进行堆排序
{  int i;
   LineList x;
```

```
for(i=n/2;i>=1;i--)              //初建堆
    sift(r,i,n);
for(i=n;i>=2;i--)                //进行 n-1 趟堆排序
{   x=r[1] ;
    r[1]=r[i];
    r[i]=x;
    sift(r,1,i-1);
}
}
```

算法分析如下。

① 时间复杂度：在最坏的情况下为 $T(n)=O(n\log_2 n)$。

② 空间复杂度：$S(n)=O(1)$。

堆排序是一种不稳定的排序，适合待排序记录较多的情况。

微课 9-8：归并
排序

9.5 归并排序

归并排序的基本思想为：将两个或两个以上的有序子序列"归并"为一个有序序列，如图 9-21 所示。

在内部排序中，通常采用的是二路归并排序，即将两个位置相邻的有序子序列归并为一个有序的序列。这个操作对顺序表而言，会简单很多。

图 9-21　归并排序示意图

二路归并排序的排序过程如下。

① 设初始序列含有 n 个记录，则可看成 n 个有序的子序列，每个子序列长度为 1。

② 两两合并，得到 $\lfloor n/2 \rfloor$ 个长度为 2 或 1 的有序子序列。

③ 再两两合并，如此重复，直至得到一个长度为 n 的有序序列为止。

【例 9.7】有待排序序列{49,38,65,97,76,13,27}，按照二路归并排序的思想给出排序过程。

二路归并排序过程如图 9-22 所示。

动画 9-11：归并
排序

图 9-22　二路归并排序过程

要实现二路归并排序算法，需要解决以下两个关键问题。

（1）如何将两个有序序列合成一个有序序列

① 设置 i 和 j 两个整型指针，初始分别指向两个子序列的起始位置。

② 设置一个辅助数组 **R1**，用整型指针 k 指向数组的起始位置。

③ 依次比较 **R**[i] 和 **R**[j] 的关键字，将关键字较小的记录存入 **R1**[k]，然后将 **R1** 的下标 k 加 1，同时将指向关键字较小的记录的标志加 1。

④ 重复步骤③，直到 **R** 中的所有记录全部复制到 **R1** 中为止，最后将 **R1** 中的记录都复制到 **R** 中去。

设相邻的有序序列为 **R**[s]-**R**[m] 和 **R**[m+1]-**R**[t]，将它们归并成一个有序序列 **R1**[s]-**R1**[t]，两个有序序列合成一个有序序列的算法如下：

```
void Merge(int R[],int R1[],int s,int m,int t)
{   int i=s;j=m+1;k=s;
    while(i<=m && j<=t)
    { if(R[i]<=R[j])  R1[k++]=R[i++];
      else R1[k++]=R[j++];
    }
    if(i<=m)
        while(i<=m)    R1[k++]=R[i++]; //收尾处理,前一个子序列
    if(j<=t)
        while(j<=t)    R1[k++]=R[j++]; //后一个子序列
}
```

（2）如何控制二路归并的结束

算法描述如下：

```
void MergeSort(int R[],int R1[],int R2[],int s,int t)
{
    if(s==t)
        R1[s]=R[s];
    else
    {
        int m;
        m=(s+t)/2;
        MergeSort(R,R2,R1,s,m);      //归并排序前半个子序列
        MergeSort(R,R2,R1,m+1,t);    //归并排序后半个子序列
        Merge(R2,R1,s,m,t);          //将两个已排序的子序列归并
    }
}
```

时间性能：一趟归并操作是将 **R**[1]～**R**[n]中相邻的长度为 n 的有序序列进行两两归并，并把结果存放到 **R1**[1]～**R1**[n]中，这需要 $O(n)$时间。整个归并排序需要进行 $\log_2 n$ 趟，因此，总的时间代价是 $O(n\log_2 n)$。归并排序是稳定的排序方法。

空间性能：在执行算法时，需要占用与原始记录序列同样数量的存储空间，因此空间复杂度为 $O(n)$。

9.6 各种内部排序算法的比较

在本节之前介绍了各种排序方法，为了使读者进一步熟悉和应用这些方法，下面对介绍过的排序方法从几个方面进行比较。

1. 时间复杂度比较（见表 9-2）

表 9-2　时间复杂度比较

排序方法	平均情况	最好情况	最坏情况
直接插入排序	$O(n^2)$	$O(n)$	$O(n^2)$
希尔排序	$O(n\log_2 n)$	$O(n^{1.3})$	$O(n^2)$
冒泡排序	$O(n^2)$	$O(n)$	$O(n^2)$
快速排序	$O(n\log_2 n)$	$O(n\log_2 n)$	$O(n^2)$
直接选择排序	$O(n^2)$	$O(n^2)$	$O(n^2)$
堆排序	$O(n\log_2 n)$	$O(n\log_2 n)$	$O(n\log_2 n)$
归并排序	$O(n\log_2 n)$	$O(n\log_2 n)$	$O(n\log_2 n)$

2. 空间复杂度比较（见表 9-3）

表 9-3　空间复杂度比较

排序方法	辅助空间
直接插入排序	$O(1)$
希尔排序	$O(1)$
冒泡排序	$O(1)$
快速排序	$O(\log_2 n)$
直接选择排序	$O(1)$
堆排序	$O(1)$
归并排序	$O(n)$

3. 稳定性比较（见表 9-4）

表 9-4　稳定性比较

排序方法	稳定性
直接插入排序	稳定
希尔排序	不稳定

续表

排序方法	稳定性
冒泡排序	稳定
快速排序	不稳定
直接选择排序	不稳定
堆排序	不稳定
归并排序	稳定

4. 排序方法的选取

① 若待排序的一组记录数目 n 较小（如 $n \leqslant 50$）时，可采用插入排序或者选择排序。

② 若 n 较大时，则采用快速排序、堆排序或者归并排序。

③ 若待排序记录按关键字基本有序，则采用直接插入排序或者冒泡排序。

有了希尔排序、冒泡排序、直接选择排序等相关知识的储备，接下来就可以完成实例的设计了。

实例分析与实现

1. 实例分析

首先，按照学生成绩信息的组成定义结构体，输入各门课程成绩和德育积分，根据文化积分的计算公式求出文化积分，再根据综合积分的计算公式求出综合积分；然后，使用冒泡排序法按照综合积分进行从高到低的排名，并输出排名结果；最后，输出排名前 2% 的学生获得一等奖学金，排名在 2%～10% 的学生获得二等奖学金，排名在 10%～25% 的学生获得三等奖学金。

2. 项目代码

代码清单 9.1：

```c
#include "stdio.h"
typedef struct student
{
    int number;          //学号
    char name[8];        //姓名
    float english;       //英语成绩
    float net;           //网络成绩
    float c;             //C 语言成绩
    float database;      //数据库成绩
    float d_score;       //德育积分
    float w_score;       //文化积分
```

```
      float t_score;          //综合积分
}STU;
main( )
{
    STU stu[50],temp;   //定义 50 名学生的数组
    int i=0,j,num;
    int b1,b2,b3;
    printf("请输入学号、姓名、英语、网络、C 语言、数据库、德育积分):\n");
    printf("------------------------------------------------------------\n");
    while(1)
    {
        //输入学生信息
        scanf("%d%s%f%f%f%f%f",&stu[i].number,stu[i].name,&stu[i].english,
        &stu[i].net,&stu[i].c,&stu[i].database,&stu[i].d score);
        if(stu[i].number==0)  break;
        //文化积分=所有课程成绩总和/门数
        stu[i].w_score=(stu[i].english+stu[i].net+stu[i].c+
        stu[i].database)/4;
        //综合积分=文化积分*70%+德育积分*30%
        stu[i].t_score=stu[i].w_score*0.7+stu[i].d_score*0.3;
        i++;
    }
    num=i;    //学生总人数
    printf("------------------------------------------------------------\n\n");
    for(i=0;i<=num-2;i++)    //冒泡排序法
      for(j=0;j<=num-2;j++)
        if(stu[j].t_score<stu[j+1].t_score)//按照综合积分由高到低排序
        {
            temp=stu[j];stu[j]=stu[j+1];stu[j+1]=temp;
        }
    //输出综合积分从高到低排序后的结果
    printf("成绩排名(学号、姓名、文化积分、德育积分、综合积分):\n");
    printf("--------------------------------------------------- -----\n");
    for(i=0;i<=num-1;i++)
        printf("%d %s %.2f %.2f %.2f\n",stu[i].number,stu[i].name,
        stu[i].w_score,stu[i].d_score,stu[i].t_score);
    printf("------------------------------------------------------------\n\n");
    printf("奖学金名单如下:\n");
    printf("------------------------------------------------------------\n");
    b1=(int)(num*0.02+0.5);   //b1 为获得一等奖学金的人数
    printf("   一等奖学金获得者:");
```

```
for(i=0;i<b1;i++)
    printf("%s  ",stu[i].name);
printf("\n");
b2=(int)(num*0.08+0.5);//b2 为获得二等奖学金的人数
printf("     二等奖学金获得者:");
for(i=b1;i<b1+b2;i++)
    printf("%s  ",stu[i].name);
printf("\n");
b3=(int)(num*0.15+0.5);//b3 为获得三等奖学金的人数
printf("     三等奖学金获得者:");
for(i=b1+b2;i<b1+b2+b3;i++)
    printf("%s  ",stu[i].name);
printf("\n");
printf("--------------------------------------------------\n\n");
}
```

该实例主要涉及冒泡排序等知识，通过对下面进阶案例的学习，学习者可以更好地掌握和应用箱排序等知识。

进阶案例——扑克牌箱排序问题设计

1. 案例介绍

一副扑克牌共计有 52 张牌（除去大小王），将 52 张牌打乱顺序后，如何将其按照点数从小到大排好序呢？要将无序的 52 张扑克牌按点数 1<2<…<11<12<13 排序，需设置13 个"箱子"，排序时依次将每张牌按点数放入相应的"箱子"里，然后依次将这些"箱子"首尾相接，就得到了按点数递增排列的一副牌。扑克牌箱排序运行截图如图 9-23 所示。

（a）输入 52 张扑克牌点数截图　　　（b）52 张扑克牌箱排序后结果截图

图 9-23　扑克牌箱排序运行截图

2. 案例分析

首先定义 13 个箱子为指针型数组，然后每输入一个扑克牌点数，就开辟一个空间存储点数和链接指针。如果不存在相同点数的扑克牌，就连接在第一个相应位置；如果已经存在相同点数的扑克牌，就连接在相同点数的节点后面。最后按照数组下标的顺序依次输出链表上的节点信息。这样，扑克牌就按照点数从小到大排序后输出成功了。

3. 项目代码

代码清单 9.2：

```c
#include "stdio.h"
#include "stdlib.h"
//扑克牌结构体类型定义
typedef struct node
{
    int id;                 //扑克牌点数
    struct node *next;  //链接指针
}Poker;
//创建扑克牌装箱函数
void CreateBox(Poker *box[])
{
    int i,id;
    Poker *p,*r,*pre;
    for(i=1;i<=52;i++)   //52 张扑克牌
    {
        printf("请输入扑克牌点数:");
        scanf("%d",&id);
        p=(Poker *)malloc(sizeof(Poker));  //开辟新节点
        p->id=id;p->next=NULL;
        r=box[id];
        if(r==NULL)      //当前箱为空
            box[id]=p;
        else
        {
            while(r!=NULL) //寻找插入的位置
            {
                pre=r;
                r=r->next;
            }
            pre->next=p;   //连接到末尾
        }
    }
```

```
}
//输出扑克牌箱排序函数
void Output(Poker *box[],int n)
{
    int i;
    Poker *p;
    printf("扑克牌箱排序后结果为:\n");
    for(i=1;i<=n;i++)
    {
        p=box[i];                //指向第一个节点
        while(p!=NULL)
        {
            printf(" <%d> ",p->id);
            p=p->next;           //下移
        }
        printf("\n");
    }
}
main()
{
    Poker *box[14]={NULL};    //box[0]不用,共13个箱子
    CreateBox(box);           //调用扑克牌装箱函数
    Output(box,13);           //调用输出扑克牌箱排序函数
}
```

本章小结

本章首先描述了学生奖学金评定系统的设计实例；然后介绍了排序的概念、插入排序、交换排序、选择排序、归并排序，以及各种排序算法的比较；最后进行了实例的分析、程序设计与结果验证，并进行了进阶案例的分析与实现。其中直接插入排序、冒泡排序、直接选择排序、归并排序是重点内容，希尔排序、快速排序、堆排序是难点内容。

通过本章的学习，读者应该能理解排序的基本概念，熟练掌握直接插入排序、冒泡排序、直接选择排序、归并排序的基本思想和算法，理解希尔排序、快速排序、堆排序的基本思想和算法，并能够运用本章知识解决实际应用问题。

同步训练

一、填空题

1. 在选择排序、堆排序、快速排序、直接插入排序中，稳定的排序方法是＿＿＿＿＿＿＿。

2. 快速排序在最坏情况下的时间复杂度是_____。

3. 若用冒泡排序对序列{18,16,14,12,10,8}进行从小到大的排序，比较总次数是_____。

二、选择题

1. 从未排序序列中挑选元素，将其放在已排序序列的一端，这种排序方法称为（   ）。

    A. 选择排序   B. 插入排序   C. 快速排序   D. 冒泡排序

2. 堆排序是一种（   ）排序。

    A. 插入   B. 选择   C. 交换   D. 归并

3. 堆的形状是一棵（   ）。

    A. 二叉排序树   B. 满二叉树   C. 完全二叉树   D. 平衡二叉树

4. 在下列排序方法中，不稳定的排序方法是（   ）。

    A. 直接插入排序   B. 直接选择排序   C. 冒泡排序   D. 归并排序

5. 快速排序在（   ）情况下最具有优势。

    A. 被排序的数据中含有多个相同的排序码

    B. 被排序的数据已基本有序

    C. 被排序的数据完全无序

    D. 被排序的数据中的最大值和最小值相差悬殊

6. 对以下几个关键字进行快速排序，以第一个元素为轴，一次划分效果不好的是（   ）。

    A. 4,1,2,3,6,5,7   B. 4,3,1,7,6,5,2   C. 4,2,1,3,6,7,5   D. 1,2,3,4,5,6,7

三、应用题

1. 写出对序列（40,24,80,39,43,18,20）进行冒泡排序的每一趟结果。

2. 对序列（12,5,9,20,6,31,24）采用直接插入排序由小到大进行排序，请写出每趟排序的结果。

3. 已知用某种排序方法对序列（51,35,93,24,13,68,56,42,77）进行排序时，前两趟排序的结果为：

（35,51,24,13,68,56,42,77,93）

（35,24,13,51,56,42,68,77,93）

那么所采用的排序方法是什么？

四、算法设计题

1. 重新设计一个新的直接插入排序算法，实现将哨兵放在 $R[n]$ 中，被排序的记录放在 $R[0,…,n-1]$ 中。

2. 设计一个算法，实现双向冒泡排序（即在排序过程中交替改变扫描方向）。

第 ❿ 章 文件

学习目标

- 熟悉各类文件的特点和构造方法。
- 了解在各类文件上的检索、插入和删除等操作。
- 掌握文本文件的格式化读写操作函数。

实例描述——学生成绩管理系统设计

高校学生成绩管理系统的功能基本包括录入学生成绩记录、保存所有学生记录、显示学生成绩记录、按总成绩递减输出、按学号查询学生记录、修改学生成绩记录、删除学生成绩记录和退出系统，主界面如图 10-1 所示。在实例实现过程中，最重要的就是文件的读取和保存操作，如何利用文件的相关知识实现学生成绩管理系统的设计呢？该实例涉及文件的读写操作、顺序查找、顺序表删除操作、冒泡排序等知识。

图 10-1　学生成绩管理系统主界面

知识储备

文件是存储在外部存储器上的记录的集合。本章主要介绍各类文件的构造和文件的几种结构方式，包括顺序文件、索引文件、ISAM 文件、VSAM 文件、散列文件和多关键字文件等，并简单介绍文本文件的格式化读写操作函数。

10.1 文件的概念

本节主要介绍文件的基本概念、文件的逻辑结构、文件的物理结构、文件的检索操作，以及文件的修改操作等。

10.1.1 文件的基本概念

1. 文件

文件（File）是性质相同的记录的集合。记录是文件中存取数据的基本标识单位，每个记录由一个或多个数据项组成。数据项也称字段，它是文件可使用的最小单位。记录中能唯一标识一个记录的数据项或数据项的组合称为"关键码"。当一个文件的各条记录按照某种次序排列起来时，各记录间就形成了一种线性关系。在这种排列次序下，文件中的每个记录仅有一个前趋记录和一个后继记录，第一个记录没有前趋记录而仅有后继记录，最后一个记录仅有前趋记录而无后继记录。因此，可以将文件看成一种线性结构。

2. 文件相关术语

关键字。关键字是指能够区别文件中各记录的域。通常，能唯一标识一个记录的关键字称为主关键字；不能唯一标识一个记录的关键字称为次关键字；由两个及以上的关键字组成的关键字称为复合关键字。

定长记录文件。例如，在一个个人书库文件中，各个记录的结构相同，信息长度相同，这样的记录称为定长记录。由定长记录组成的文件称为定长记录文件。

不定长记录文件。例如，在学生学籍管理文件中，不同的年级，或者不同专业的学生，所修的课程数和课程名称都不一样，从而反映各个学生的学科成绩的记录的长度和结构就不相同，这种记录称为不定长记录。由不定长记录组成的文件称为不定长记录文件。

3. 文件分类

按记录类型分类：文件可分为操作系统文件和数据库文件。操作系统文件是一维、无结构、无解释、连续的字符序列，它的记录为字符组；数据库文件是带有结构的记录的集合，其记录由一个或多个数据项组成。数据结构中所讨论的文件主要是指数据库文件。

按记录关键字分类：文件可分为单关键字文件和多关键字文件。单关键字文件指文件中的记录只含有一个主关键字；多关键字文件指文件中的记录除含有一个主关键字外，还含有若干个次关键字。

10.1.2 文件的逻辑结构和物理结构

1. 逻辑结构

文件可看成以记录为数据元素的一种线性结构。文件的逻辑结构指的就是文件中的记录展现在用户或程序员面前的逻辑关系。文件中的记录称为"逻辑记录",是用户表示和存取信息的单位。例如,在学籍管理软件中,存放学生信息的文件就是定长记录文件,它由若干学生记录构成,每个学生记录(逻辑记录)又由许多数据项构成,如学号、姓名、性别、年龄等。

2. 物理结构

物理结构即文件的存储结构,指文件在外存上的组织方式。文件在外存上的基本组织方式有 4 种,分别为顺序组织、索引组织、散列组织和链组织;对应的文件分别为顺序文件、索引文件、散列文件和多关键字文件。

10.1.3 文件的操作

文件的操作有两类:检索操作,修改和维护操作。文件操作的方式有联机(实时)处理和批处理两种。

1. 检索操作

检索操作是指在文件中查找相关的记录,常有以下 4 种查询方式。

① 简单查询:查询关键字值等于给定值的记录。

② 区域查询:查询关键字值属于某个区域的记录。

③ 函数查询:查询关键字值满足某个函数的记录。

④ 布尔查询(组合条件检索):由检索式的布尔运算构成组合条件,如检索某班(数学成绩>90 分且性别="女")的学生记录。

2. 文件的修改和维护

文件的修改和维护操作主要是指以下操作。

① 对文件进行记录的插入、删除及修改等更新操作。

② 为提高文件的使用效率,进行再组织操作。

③ 文件被破坏后的恢复操作和文件中记录的安全保护等。

10.2 顺序文件

顺序文件是物理结构最简单的文件,也是数据处理历史上最早使用的文件结构。顺序文件的各个记录按输入的先后次序存放在外存中的连续存

微课 10-2:顺序文件

储区。为了便于检索和修改文件,文件中的记录通常按关键字的大小次序排列,这样就成为按关键字排序的顺序文件,即逻辑记录顺序和物理记录顺序相一致的文件。顺序文件的优点是连续存取时速度较快。例如,如果文件中的第 i 个记录刚被存取过,而下一个要存取的记录就是第 $i+1$ 个记录,则此次存取将会很快完成。顺序文件主要用于顺序存取、批量修改的情况。

10.2.1 存储在顺序存储器上的顺序文件

存储在顺序存储器上的文件只能是顺序文件，这种文件只能进行"顺序存取"和"成批处理"。磁带是一种典型的顺序存储设备，这是由磁带的物理特性所决定的。它适用于存放文件数据量大、文件中的记录平时变化少、只做批量修改的情况。磁带顺序文件的优点是连续存取时速度快、批处理效率高、节省存储空间；缺点是实时性差，特别是更新操作要复制整个文件，所以一般不做随机处理。

10.2.2 存储在直接存储器上的顺序文件

顺序文件也可以存放在直接存取器上，磁盘就是一个可以直接存取的存储设备。存放于磁盘上的文件既可以是顺序文件，也可以是索引结构或其他结构类型的文件。不仅可以对存储在这类设备上的顺序文件进行顺序存取，还可以"按记录号"进行直接存取或"按关键字"进行随机存取。若是顺序有序的定长文件，还可以应用二分查找等方法进行快速存取。修改时可进行批处理，也可随机处理。

10.3 索引文件

微课 10-3：索引文件

顺序文件的查询速度很慢，采用索引文件可以提高查询效率。索引用来表示关键字与相应记录的存储地址之间的对应关系，即指出记录在存储器中的存储地址。索引文件由"索引"和"主文件"两部分构成，其中索引为指示逻辑记录和物理记录之间对应关系的表。表中的每一个记录称为索引项，索引项包含（逻辑记录的）关键码和物理记录位置两个数据项，索引按关键字有序。对索引文件可以进行直接存取或按关键码存取。按关键码存取时，首先在索引中进行查找，然后按索引项中指示的记录在主文件中的物理位置进行存取。插入记录时，记录本身可插在主文件末尾，同时修改相应的索引项。更新记录的同时一般需要同时更新索引。索引本身可以是顺序结构，也可以是树形结构。由于大型文件的索引量都相当大，因此常对顺序结构的索引建立多级索引，而树形结构本身就是一种层次结构，所以常用来作为索引文件的索引。

图 10-2 所示为个人书库（按价格）索引文件，是一个索引非顺序文件。

关键字	指针	地址	登录号	书号	书名	作者	出版社	价格
16.00	3	1	000001	TP2233	……	赵健雅	电子工业	28.00
18.80	10	2	000002	TP1844	……	孙 强	人民邮电	40.00
22.00	4	3	000003	TP1684	……	赵丽萍	清华大学	16.00
26.00	9	4	000004	TP2143	……	张 堪	清华大学	22.00
28.00	1	5	000005	TP1110	……	樊金生	科学	29.00
29.00	5	6	000006	TP1397	……	刘前进	人民邮电	43.00
30.00	8	7	000007	TP2711	……	罗会涛	电子工业	35.00
35.00	7	8	000008	TP3239	……	郑阿奇	电子工业	30.00
40.00	2	9	000009	TP1787	……	赵乃真	人民邮电	26.00
43.00	6	10	000010	TP42	……	江 涛	中央电大	18.80

索引区　　　　　　　　　　　　　　　记录区

图 10-2 个人书库索引文件

10.4　索引顺序文件

若索引文件中的主文件按关键码有序，则称为索引顺序文件。索引顺序文件是目前大型文件和数据库广泛采用的数据组织形式，它是在顺序文件的基础上，用增加索引的方式而形成的。本节主要介绍 ISAM 文件和 VSAM 文件两种组织方法。

10.4.1　ISAM 文件的组织方法

文件中的记录按关键字大小顺序存放在磁盘的连续或相邻的存储区中。由于记录按关键字排序，因此不必为每个记录都设立一个索引项，而是把文件划分为若干个记录块，只为每块中关键字最大（或最小）的记录设置一个索引项。这种组织文件的方法称为索引顺序存取方法（Indexed Sequential Access Method，ISAM），用这种方法建立起来的索引文件称为 ISAM 文件，它是一种专为磁盘存取设计的文件组织方式。

索引顺序文件中的索引是"非稠密索引"，即对主文件中连续的一组记录建立一个索引项，索引文件由这组记录中的最大关键码和这组记录的物理地址组成。索引的组织形式可分为静态索引和动态索引两类，前者以 ISAM 文件为代表，它是一种专为磁盘存取设计的文件组织方式，由索引区、数据区和溢出区 3 部分组成。索引区通常是与硬件层次（磁盘的物理地址）一致的三级索引：总索引、柱面索引和磁道索引。溢出区用来存放后插入的记录。当文件主要用于检索时，ISAM 文件的效率高，因为其既能进行随机查找，又能进行顺序查找，但若频繁进行增删操作，则效率将降低。为了提高检索效率，需定期重组 ISAM 文件，否则索引不能有效地用于检索新增加的记录。

10.4.2　VSAM 文件的组织方法

虚拟存储存取方法（Virtual Storage Access Method，VSAM）也是一种索引顺序文件的组织方式，采用 B+树作为动态索引结构。VSAM 文件的结构示意图如图 10-3 所示，它由索引集、顺序集和数据集 3 部分组成。其中，数据集即为主文件，顺序集和索引集构成主文件的 B+树索引，顺序集中的每个节点即为 B+树的叶子节点，包含主文件的全部索引项，索引集中的节点（B+树的非子叶节点）可看成文件索引的高层索引。顺序集中某个节点及其所包含的多个数据集节点，够成一个控制区域，一个控制区域所包含的数据集节点的范围称为控制区间。

图 10-3　VSAM 文件的结构示意图

VSAM 文件通常作为大型索引顺序文件的标准组织方式。其优点是能动态地分配和释放空间，不需要重组文件，并能较快地实现对"后插入"记录的检索；其缺点是占用较多的存储空间，一般只能保持约 75%的存储空间利用率。

微课 10-5：散列
文件

10.5 散列文件

散列文件是利用散列存储方式组织的文件，又称直接存取文件。本节主要介绍散列文件的组织方式及散列文件的具体操作。

10.5.1 散列文件的组织方式

动画 10-1：散列
文件

散列文件的组织方式是根据文件中关键字的特点，设计一个散列函数和处理冲突的方法，将记录散列到存储设备上。其特点是，由记录的关键码"直接"得到记录在外存（磁盘）上的映象地址。这种组织方式类似于构造一个哈希表，根据文件中关键码的特点设计一种哈希函数和处理冲突的方法，然后将记录散列到外存储设备上。

散列文件由若干个"桶"组成，根据设定的哈希函数将记录映射到某个桶号。处理冲突通常采用拉链法，即每个桶可以包括一个或几个页块，页块之间以指针相连。每个页块中的记录个数则由逻辑记录和物理记录的大小决定。散列文件的结构示意图如图 10-4 所示。

图 10-4　散列文件的结构示意图

10.5.2 散列文件的操作

在散列文件中进行查找时，根据给定值 kval 求得桶号（哈希函数值）i，先查桶目录文件（桶目录表较大时自成文件），把包含第 i 个桶目录的目录页块调入内存，从而得到指向第 i 个桶的第一个页块的指针；再调入该页块进行顺序查找，检查页块中是否有关键码等于给定值 kval 的记录，如果找不到，再按此页块尾部的指针找到下一个页块，继续查找直至找到该记录。插入记录时，会先查找该记录是否存在，若存在则提示出错，否则插在最后一个尚未填满的页块中。若桶中所有页块都已被填满，则向系统申请一个新的页块，并将其连接到桶链表的链尾，然后将新记录存入其中。删除记录时，会先查找待删除记录是否存在，若不存在则提示出错，否则直接删除，腾出空位给之后要插入的记录用。散列文件的优点是：插入、删除记录方便，记录随机存放，存取速度比索引文件快；不需要索引区，节省存储空间，容易实现文件的扩充。缺点是：不能进行顺序存取和批处理，只能按关键字随机存取，且查询方式只有简单询问；并且在进行多次的插入、删除操作之后，可能会造成文件结构不合理，即桶满溢出而桶内多数记录为被删除的记录，此时需要重组文件。

10.6 多关键字文件

本节主要介绍多关键字文件的基本概念、倒排文件、多重表文件。

微课 10-6：
多关键字文件

10.6.1 多关键字文件的基本概念

包含多个次关键字索引的文件称为多关键字文件。次关键字索引本身可以是顺序表或树表。当文件的一个记录中包含多个关键字，且经常需要对记录的次关键字（指记录的某些重要属性）或多关键字的组合进行检索时，文件的组织方式应该同时考虑如何便于进行次关键字或多关键字的组合查询。表 10-1 所示为多关键字文件，其中"考号"为主关键字，"总分"为次关键字。假设该文件为索引顺序文件，则当需要按"总分"进行检索时，只能依次存取各个记录，比较它们的总分是否满足条件，直至找到相应记录。为此，应该为这类文件在主文件之外另建次关键字索引，表 10-2 是为"总分"建立的次关键字索引表。可见次关键字索引的特点是：对应每个次关键字值的记录可能有多个，因此每个次索引项应该包含一个次关键字值和一个线性表，线性表中的记录含有相同的次关键字值。对线性表使用不同的组织方法，可以得到两种不同的多关键字文件：倒排文件和多重表文件。

表 10-1 多关键字文件示例

姓名	考号	总分	政治	数学	英语
王铭	1801	259	98	66	95
刘青	1802	188	68	73	47
张铭	1803	254	90	78	86
蔡勇	1804	240	75	85	80
章林	1805	240	54	96	90
……	…	…	…	…	…

表 10-2 次关键字索引表示例

次码值	相应记录的主码
≥270	1866,…
≥260	1845,…

续表

次码值	相应记录的主码
≥250	1801,1803,…
≥240	1804,1805,…
…	…

10.6.2　倒排文件

在倒排文件中，为每个需要进行检索的次关键字建立一个倒排表，倒排表中具有相同次关键字的记录构成一个顺序表。当按次关键字进行检索时，首先从相应的次关键字倒排表中得到记录的主关键字信息，然后从主索引中存取相应记录。这种倒排表的优点是具有相对的独立性，即无论主文件中记录的存储位置如何变化，都不需要修改次关键字索引。对于多关键字组合查询，也可以先对由每个次关键字得到的多个主关键字集合进行集合运算，最后只需对得到的满足多关键字检索要求的主关键字进行存取即可。但如果主文件为散列文件，对文件进行的操作不改变记录的存储位置，则在次关键字倒排表中也可以不是记录的主关键字，而是记录所在的"页块地址"，这样便可以根据倒排表直接存取记录，而不需要再按主关键字进行检索。

例如，北京大学里某次活动的学生报名登记表文件部分信息如下：

001×××142 张三 男 18 网络

002×××205 李四 女 17 移动

003×××187 王五 男 19 软件

004×××325 赵六 女 18 网络

而我们利用倒排表来实现上述非关键码的查询能大大提高效率，倒排表的具体设计如下：

男 001，003

女 002，004

16

17 002

18 001，004

19 003

20

网络 001，004

软件 003

移动 002

10.6.3　多重表文件

多重表文件的特点是，主文件为串联文件（按主关键字顺序利用指针连接为表结构），并建立主关键字的非稠密索引——主索引，对每一个次关键字建立次索引，所有具有相同次关键字值的记录连接为一个链表，链表的头指针和链表的长度，以及次关键字值构成一个索引项。多重表易于构造和插入记录，但删除记录时需要修改所有次索引链表。在进行多关键字组合查询时，应选择长度最短的次索引，依次存取记录，直至找到满足所有条件的记录为止。

表 10-3 所示是多重表文件示例，其中主关键字是"职工号"，次关键字是"职务"和"工资级别"。它设有两个链接字段，分别将具有相同职务和相同工资级别的记录连接在一起，由此形成的职务索引和工资级别索引见职务索引表（见表 10-4）和工资级别索引表（见表 10-5）。有了这些索引，便容易处理各种有关次关键字的查询。

表 10-3　多重表文件示例

物理地址	职工号	姓名	职务	工资级别	职务链	工资链
101	03	逄博	硬件人员	12	110	∧
102	10	赵黎	硬件人员	11	107	106
103	07	孙加林	软件人员	13	108	107
104	05	刘永宝	穿孔	14	105	110
105	06	丁媛媛	穿孔	13	∧	103
106	12	景坤	软件人员	11	∧	∧
107	14	刘芳冰	硬件人员	13	∧	∧
108	09	耿直	软件人员	10	106	∧
109	01	卢嘉锡	穿孔	14	104	104
110	08	林青霞	硬件人员	14	102	∧

表 10-4　职务索引表

次关键字	头指针	链长
硬件人员	101	4
软件人员	103	3
穿孔员	109	3

表 10-5　工资级别索引表

次关键字	头指针	链长
10	108	1
11	102	2
12	101	1
13	105	3
14	109	3

　　总之，文件是存放于外存储器中的数据结构。本章主要讨论顺序文件、索引文件、索引顺序文件、散列文件和多关键字文件等各种文件的结构特点及其操作。顺序文件具有文件中记录的物理顺序和逻辑顺序一致的特点，顺序存储器上的顺序文件只能进行顺序存取，直接存储器上的顺序文件还可按记录号或关键字进行随机存取，对顺序文件的操作主要是按批处理方式进行的。索引文件是对文件中的每个记录都建立一个由记录的关键字和存储地址构成的索引项。所有记录的索引项构成一个按关键字有序的索引表。索引表可以是顺序结构，也可以是查找树结构，索引文件可以进行直接存取或按关键字存取。在做插入、删除和更新记录的操作时，要同时修改相应的索引项，且索引顺序文件中的记录按关键字有序。索引顺序文件检索速度快，但记录的删除和插入较困难。散列文件是按照设计的哈希函数和用拉链法处理冲突构建的文件。散列文件不需要建立索引，记录可以随机存放，插入、删除记录方便，但在存放时会出现地址冲突。多关键字文件按次关键字的组织方法不同，有倒排文件和多重表文件之分，适用于多关键字的检索。

微课 10-7:
格式化读写操作
函数

10.7　格式化读写操作函数

　　C 语言中文本文件的格式化读写函数是 fscanf 和 fprintf 函数。fscanf 和 fprintf 函数与 scanf 和 printf 函数的功能相似，都是格式化读写函数。两者的区别在于 fscanf 函数和 fprintf 函数的读写对象不是键盘和显示器，而是磁盘文件。

动画 10-2: 文件　动画 10-3: 文件
写入操作　　　读取操作

这两个函数的调用格式为：

```
fscanf(文件指针,格式字符串,输入表列);
fprintf(文件指针,格式字符串,输出表列);
```

例如：
```
fscanf(fp,"%d%s",&i,s);
fprintf(fp,"%d%c",j,ch);
```

　　【例 10.1】从键盘输入两个学生数据，写入一个文件，再读取这两个学生数据并输出。

　　用 fscanf 和 fprintf 函数完成例 10.1，程序设计如下：

```
#include "stdio.h"
#include "stdlib.h"
```

```
struct student
{
  char name[10];
  int num;
  int age;
  float score;
}stu[2];
main()
{
  FILE *fp;
  int i;
  if((fp=fopen("d:\\stu_list.txt","wt+"))==NULL) //以读写方式打开文件
  {
    printf("Cannot open file press any key exit!");
    getchar();
    exit(1);
  }
  printf("\ninput data:\n");
  for(i=0;i<2;i++)                    //循环输入两组结构体数据
    scanf("%s%d%d%f",stu[i].name,&stu[i].num,&stu[i].age,&stu[i].score);
  for(i=0;i<2;i++)                    //循环将结构体数组内容写入文件 fp
    fprintf(fp,"%s %d %d %f\n",stu[i].name,stu[i].num,stu[i].age,
    stu[i].score);
  rewind(fp);                         //将文件内部指针移至文件首
  for(i=0;i<2;i++)                    //循环读取文件内容并放入结构体数组
    fscanf(fp,"%s %d %d %f\n",stu[i].name,&stu[i].num,&stu[i].age,
    &stu[i].score);
  printf("\n\nname\tnumber    age      score\n");
  for(i=0;i<2;i++)                    //循环输出数组内容
    printf("%s\t%5d  %7d      %f\n",stu[i].name,stu[i].num,stu[i].age,
    stu[i].score);
  fclose(fp);
}
```

有文件的概念、文件的分类、文件的读写操作等相关知识的储备,接下来就可以完成实例的设计了。

实例分析与实现

1. 实例分析

首先,定义学生成绩结构体类型,其中包括学号、姓名、性别、数学成绩、英语成绩、C 语言成绩和总分,并定义结构体数组;然后,利用文件的读写操作知识编写函数,实现

从文件中逐条读取学生成绩记录的功能和保存所有学生成绩记录到文件的功能；最后，编写函数实现显示全部学生成绩记录、修改某位学生成绩记录、删除某位学生成绩记录、查询某位学生成绩记录和按照总成绩排序的功能。

2. 项目代码

代码清单 10.1：

```
#include "stdio.h"
#include "stdlib.h"
int num;   //数据定义和全局变量
struct STUDENT
{
   long id;            //学号
   char name[20];      //姓名
   char sex[10];       //性别
   int math;           //数学成绩
   int english;        //英语成绩
   int c_program;      //C 语言成绩
   int total;          //总分
}stu[41];
//主菜单函数
void page_title()
{
   printf("--------------350131 班级成绩管理系统----------------\n");
   printf(" 请按-->1 导入学生成绩记录 "); printf("请按-->2 显示学生成绩记录\n");
   printf(" 请按-->3 修改学生成绩记录 "); printf("请按-->4 删除学生成绩记录\n");
   printf(" 请按-->5 按学号查询学生记录");
   printf(" 请按-->6 按总成绩递减输出\n");
   printf(" 请按-->7 保存                "); printf("  请按-->0 退出\n");
   printf("-----------------------------------------------------\n");
}
//加载文件函数
void load()
{
   int i;
   int n;   //读取的记录数
   FILE *fp=fopen("score.txt","r");
   if(fp==NULL)
   {
      printf("文件打开失败");
```

```
            exit(1);
        }
        printf("请输入记录数:");
        scanf("%d",&n);
        num=n;
        for(i=0;i<n;i++)
        {
            fscanf(fp,"%10ld%11s%9s%8d%8d%9d",&stu[i].id,&stu[i].name,&stu[i].sex,
            &stu[i].math,&stu[i].english,&stu[i].c_program);
            stu[i].total=stu[i].math+stu[i].english+stu[i].c_program;
        }
        fclose(fp);
        printf("\n");
}
//显示学生成绩记录函数
void show()
{
        int i;
        printf("************************************************************\n");
        printf("学号        姓名        性别        数学        英语        C语言        总成绩\n");
        printf("************************************************************\n");
        for(i=0;i<num;i++)
        {
            printf("%-10ld%-11s%-9s%-8d%-8d%-9d%-8d\n",stu[i].id,stu[i].name,
            stu[i].sex,stu[i].math,stu[i].english,stu[i].c_program,stu[i].total);
            printf("------------------------------------------------------------\n");
        }
}
//修改学生成绩记录函数
void student_edit()
{
        int i;
        long stunum;
        printf("请输入要修改学生的学号:");
        scanf("%d",&stunum);
        for(i=0;i<num;i++)
        {
            if(stu[i].id==stunum)    //查找
            {
                    printf("请输入修改的新信息:\n");
                    scanf("%ld%s%s%d%d%d",&stu[i].id,&stu[i].name,&stu[i].sex,
                    &stu[i].math,&stu[i].english,&stu[i].c_program);
                    stu[i].total=stu[i].math+stu[i].english+stu[i].c_program;
```

```
                  break;
              }
        }
    if(i==num)
        printf("该学生信息不存在!\n");
}
//删除学生成绩记录函数
void student_del()
{
    int i,j;
    long stunum;
    printf("请输入要删除学生的学号:");
    scanf("%d",&stunum);
    for(i=0;i<num;i++)
      {
        if(stu[i].id==stunum)   //查找
          {
              for(j=i+1;j<num;j++)    //删除
              {
                    stu[j-1]=stu[j];
              }
              num--;
              break;
          }
      }
    if(i==num)
        printf("该学生信息不存在!");
}
//查询学生成绩记录函数
void score_search()
{
    int i=0;
    long stunum;
    printf("请输入您的学号:");
    scanf("%d",&stunum);
    for(i=0;i<num;i++)
      {
        if(stu[i].id==stunum)
          {
          printf("***************************************************\n");
          printf("学号     姓名   性别    数学   英语   C语言   总成绩\n");
          printf("***************************************************\n");
          printf("%-10ld%-11s%-9s%-8d%-8d%-9d%-8d\n",stu[i].id,stu[i].name,
```

```
                stu[i].sex,stu[i].math,stu[i].english,stu[i].c_program,stu[i].total);
            break;
            }
        }
    if(i==num)
        printf("该学生信息不存在!");
}
//递减输出成绩记录函数
void score_sort()
{
    int i,j;
    struct STUDENT t;
    for(i=0;i<num-1;i++)
    {
        for(j=0;j<num-1;j++)
        {
            if(stu[j].total<stu[j+1].total)
            {
                t=stu[j];stu[j]=stu[j+1];stu[j+1]=t;
            }
        }
    }
}
//保存文件函数
void save()
{   int i;
    FILE *fp=fopen("score.txt","w+");
    if(fp==NULL)
    {
        printf("文件打开失败");
        exit(1);
    }
    for(i=0;i<num;i++)
        fprintf(fp,"%-10ld%-11s%-9s%-8d%-8d%-9d%-8d\n",stu[i].id,stu[i].name,
        stu[i].sex,stu[i].math,stu[i].english,stu[i].c_program,stu[i].total);
    printf("保存成功!\n");
    fclose(fp);
}
//主函数
main()
{
    int select;
    int flag=1;   //退出标志
```

```
page_title();  //主菜单
while(flag)
{
    printf("请输入选项:");
    scanf("%d",&select);
    switch(select)
    {
        case 1:load();break;
        case 2:show();break;
        case 3:student_edit();break;
        case 4:student_del();break;
        case 5:score_search();break;
        case 6:score_sort();show();break;
        case 7:save();break;
        case 0:flag=0;break;
        default:break;
    }
}
}
```

3. 结果验证

原文件中的学生成绩记录如图 10-5 所示。

图 10-5　原文件中的学生成绩记录

学生成绩记录读取和显示过程的截图如图 10-6 所示。

图 10-6　学生成绩记录读取和显示过程的截图

学生成绩记录修改过程的截图如图 10-7 所示。

图 10-7 学生成绩记录修改过程的截图

学生成绩记录删除过程的截图如图 10-8 所示。

图 10-8 学生成绩记录删除过程的截图

学生成绩记录查找过程的截图如图 10-9 所示。

图 10-9 学生成绩记录查找过程的截图

学生成绩记录排序和文件保存过程的截图如图 10-10 所示。

图 10-10　学生成绩记录排序和文件保存过程的截图

本章小结

本章首先描述了学生成绩管理系统设计实例；然后介绍了文件的概念、顺序文件、索引文件、索引顺序文件、散列文件、多关键字文件，以及格式化读写操作函数，最后进行了实例的分析、程序设计与结果验证，还进行了进阶案例的分析与实现。其中顺序文件、索引文件、索引顺序文件，以及格式化读写操作函数是重点内容，散列文件、多关键字文件是难点内容。

通过本章的学习，读者应该能理解文件概念，掌握顺序文件、索引文件、索引顺序文件的存储结构，以及格式化读写操作函数；理解散列文件、多关键字文件的存储结构，并能够运用本章知识解决实际应用问题。

同步训练

一、填空题

1. 多重表文件和倒排文件都属于＿＿＿＿＿＿＿＿文件。
2. 文件上的两类主要操作为＿＿＿＿＿＿＿和＿＿＿＿＿＿＿＿。
3. 索引文件中的索引表指示记录的关键字与＿＿＿＿＿＿＿＿之间一一对应的关系。

二、选择题

1. 不定长记录文件是指（　　　）。
   A. 文件的长度不固定　　　　　　　　B. 记录的长度不固定
   C. 字段的长度不固定　　　　　　　　D. 关键字项的长度不固定
2. 倒排文件的主要优点是（　　　）。
   A. 便于进行插入和删除操作　　　　　B. 便于进行文件的恢复
   C. 便于进行多关键字查询　　　　　　D. 节省存储空间
3. 设置溢出区的文件是（　　　）。
   A. 索引非顺序文件　　B. ISAM 文件　　　C. VSAM 文件　　　D. 顺序文件

第 ⑪ 章 数据结构综合应用

11.1 综合应用一：新生报到信息注册系统设计

随着信息技术的快速发展，大中专院校在新生入学报到时，基本采用新生报到信息注册系统，以方便信息的查询、分类和汇总，并提高学校招生工作管理水平和工作效率。此案例利用数据结构的相关知识，采用 C 语言实现新生报到信息注册系统设计。为了达到较好的教学效果，简化了部分功能，以使知识易理解、算法易实现。源程序见数字资源。

11.1.1 案例需求分析

本系统要实现的功能及其具体描述如下。

① 新生信息录入，其中信息字段包括姓名、性别、专业、班级、电话号码和宿舍号。

② 新生信息打印，利用表格的形式显示信息，以达到清晰可辨的效果。

③ 信息查询功能，输入姓名进行查询操作，如果要查询的学生存在，则显示该学生所有信息，否则显示无此学生报到。

④ 信息汇总功能，输入专业名称进行汇总，如果专业存在，则显示该专业学生所有信息，包括已报到人数的统计；否则，显示该专业暂时没有招生或者暂无学生报到。

系统具体功能模块如图 11-1 所示，流程图如图 11-2 所示。

图 11-1 系统具体功能模块

图 11-2　系统流程图

11.1.2　案例知识目标

该案例设计过程涉及 C 语言程序设计课程和数据结构课程的相关知识点，各个知识点的具体应用如下。

① 掌握线性表的存储结构。线性表的存储结构包括顺序结构和链式结构，考虑到功能要易于实现，该案例利用线性表顺序结构存储新生信息结构体变量。

② 掌握查找方法。查找方法包括顺序查找、二分查找和分块查找。由于顺序存储结构中的学生信息没有特殊的规律，因此该案例利用顺序查找方法查找符合姓名要求的新生所有信息，以及汇总符合专业要求的所有新生信息，并能够统计该专业已报到的学生人数。

③ 巩固 C 语言程序设计三大结构的使用，包括顺序结构、选择结构和循环结构，同时涉及字符串的相关知识，例如字符串比较函数 strcmp。

④ 掌握结构体定义方法。该案例应用结构体的知识，学生信息结构体成员包括姓名、性别、专业、班级、电话号码和宿舍号。

11.1.3　案例核心算法及实现

（1）信息注册功能的实现

首先定义新生结构体类型，结构体成员包括姓名、性别、专业、班级、电话号码和宿舍号；然后定义结构体数组，数组需大小满足招生总人数；最后依次输入新生的信息，信息之间用空格隔开（功能演示见图 11-3）：

```
student stu[4000];
```

```
int i=0;                //存储注册新生信息相应顺序表的下标
//注册信息函数
void regis()
{
    printf("请输入学生信息:\n");
    printf("姓名    性别    专业        班级    电话号码    宿舍号\n");
    scanf("%s%s%s%s%s%s",stu[i].nam,stu[i].sex,stu[i].spec,stu[i].classid,
stu[i].phone,stu[i].bedroom);
    i++;
}
```

图 11-3 信息注册功能演示

（2）按姓名查询功能的实现

首先输入要查询学生的姓名，然后依次将姓名与新生信息数组中的姓名比较，如果有相等的信息存在，则查找成功，输出该学生信息（可能存在同名学生）；如果没有相等的信息存在，则查找失败（功能演示见图 11-4）：

```
//按姓名查询函数
void search_name()
{
    int flag=0,j;
    char nam[10];
    printf("请输入要查询学生的姓名:");
    gets(nam);
    printf("姓名    性别    专业        班级    电话号码    宿舍号\n");
    for(j=0;j<=i-1;j++)
    {
```

```
        if(strcmp(stu[j].nam,nam)==0)
        {
            printf("------------------------------------------------\n");
            printf("%-8s%-8s%-12s%-8s%-12s%-8s\n",stu[j].nam,stu[j].sex,stu
[j].spec,stu[j].classid,stu[j].phone,stu[j].bedroom);
            flag=1;
        }
    }
    printf("------------------------------------------------\n");
    if(flag==0)
    {
        printf("该校无此学生!\n");
        printf("------------------------------------------------\n");
    }
}
```

图 11-4　信息查询案例演示

（3）按专业汇总功能的实现

首先输入要汇总的专业名称，然后依次将专业名称与新生信息数组中的专业名称比较，如果有相等的信息存在，则输出该专业所有学生的信息，同时显示专业已报到学生总数；如果没有相等的信息存在，则该专业暂时没有招生或者没有新生报到（功能演示见图 11-5）：

```
//按专业汇总函数
void search_spec()
{
    int flag=0,j,num=0;
    char spec[10];
    printf("请输入要查询的专业:");
    gets(spec);
    printf("姓名    性别    专业        班级      电话号码      宿舍号\n");
    for(j=0;j<=i-1;j++)
    {
        if(strcmp(stu[j].spec,spec)==0)
        {
            printf("------------------------------------------------\n");
            printf("%-8s%-8s%-12s%-8s%-12s%-8s\n",stu[j].nam,stu[j].sex,stu
[j].spec,stu[j].classid,stu[j].phone,stu[j].bedroom);
            flag=1;
```

208

```
            num++;
        }
    }
    printf("-------------------------------------------------------\n");
    if(flag==0)
    {
        printf("该专业无学生!\n");
        printf("--------------------------------------------------------\n");
    }
    else
        printf("该专业共有%d名学生已报到!\n",num);
}
```

图 11-5　信息汇总案例演示

11.1.4　其他参考代码

```
//新生注册信息的结构体定义
typedef struct
{
    char nam[10];          //姓名
    char sex[4];           //性别
    char spec[20];         //专业
    char classid[10];      //班级
    char phone[15];        //电话号码
    char bedroom[8];       //宿舍号
}student;
//输出学生信息函数
void pri()
{ int j;
    printf("姓名      性别      专业          班级       电话号码      宿舍号\n");
    for(j=0;j<=i-1;j++)
    {
    printf("--------------------------------------------------------\n");
    printf("%-8s%-8s%-12s%-8s%-12s%-8s\n",stu[j].nam,stu[j].sex,stu[j].spec,
stu[j].classid,stu[j].phone,stu[j].bedroom);
```

数据结构（C 语言版）（微课版）（第 2 版）

```
    }
    printf("------------------------------------------------------\n");
}
//系统主函数
main()
{
    int choice;
    printf("                大中专院校新生报到信息注册系统\n\n");
    printf("**********************************************************\n");
    printf(" 1.注册学生信息 2.打印学生信息 3.按姓名查询 4.按专业汇总 5.退出系统\n");
    printf("**********************************************************\n");
    while(1)
    {
        printf("请输入选项:");
        scanf("%d",&choice);
        getchar();
        switch(choice)
        {
            case 1:regis();break;
            case 2:pri();break;
            case 3:search_name();break;
            case 4:search_spec();break;
        }
        if(choice==5)
            break;
    }
}
```

11.2 综合应用二：停车场管理系统设计

某公司有一个地下停车场，此停车场是一条可以停放 n 辆汽车的狭长通道，且只有一个大门供车辆进出，如图 11-6 所示。车辆按到达停车场时间的早晚，依次从停车场最里面向大门口处停放（即最先到达的辆车停在停车场的最里面）。停车场内如果有某辆车要开走，在它之后进入停车场的车都必须先退出停车场为它让路，待其开出停车场后，这些车辆再依原来的次序进场。如果停车场满，则后来的车只能在停车场大门外的等待区等待。每辆车在离开停车场时，都应根据它在停车场内停留的时间长短收费。如果停留在等待区的车未进停车场就要离开，则允许其离开，不收停车费，并且仍然保持在便道上等待的车辆次序。此案例利用数据结构的相关知识，采用 C 语言实现停车场管理系统设计。为了达到较好的教学效果，简化了部分功能，以使知识易理解、算法易实现。源程序见数字资源。

图 11-6 停车场示意图

11.2.1 案例需求分析

本系统要实现的功能及其具体描述如下。

① 以栈 *S* 为停车场,栈 *S1* 为让路时的临时停车点,队列 *Q* 为车等待时用的便道。*stack*[*Max*+1]为停车场能够容纳的车辆数,*num*[10]为车辆所在位置的编号,并且限定停车场最多能够容纳 10 辆车。

② 用户根据系统规定及提示的要求输入有关内容,停车场所能容纳的车辆数由收费人员指定,车辆离开时,车主还可以得到收据,便于收费的管理使用;并且系统所提供的一些信息可通过特殊硬件显示出来,供车主了解信息,从而准确有效地停车。

③ 程序应该能够显示当前存车信息和等待车的信息,便于管理人员对车辆进行管理;并且能够给等待的车辆提供一些信息,便于他们能够及时地停车。

④ 程序执行的命令为:输入进站信息→输入出站信息→打印收据。

系统具体功能模块如图 11-7 所示,流程图分为车辆到达流程图(见图 11-8)、车辆离开流程图(见图 11-9)和存车信息流程图(见图 11-10)。

图 11-7 系统具体功能模块

数据结构（C 语言版）（微课版）（第 2 版）

图 11-8　车辆到达流程图

图 11-9　车辆离开流程图

图 11-10　存车信息流程图

212

11.2.2 案例知识目标

该案例设计过程涉及 C 语言程序设计课程和数据结构课程的相关知识点，各个知识点的具体应用如下。

① 掌握栈和队列的存储结构。栈和队列的存储结构包括顺序结构和链式结构，考虑到功能要易于实现，该案例中的栈以顺序结构实现，队列以链表结构实现。

② 掌握结构体定义方法。该案例应用结构体的知识，时间信息结构体成员包括时、分，车辆信息结构体成员包括车牌号、到达时间、离开时间。

11.2.3 案例核心算法及实现

（1）车辆进站功能的实现

停车场可以设置车位个数，不能超过 10 个。车辆进站时输入车牌号，如果车位未满，进入停车位，开始计时；如果车位已满，进入等待区。功能演示如图 11-11 和图 11-12 所示。

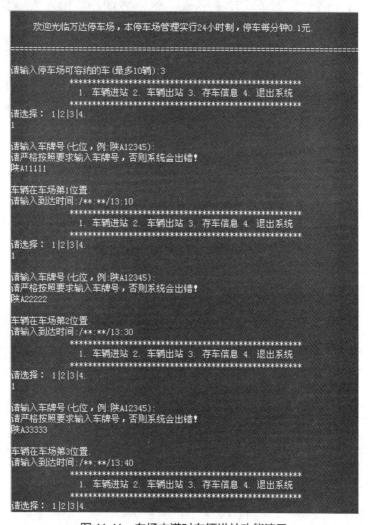

图 11-11 车场未满时车辆进站功能演示

图 11-12　车场已满时车辆进站功能演示

代码如下：

```
int Arrival(SeqStackCar *Enter,LinkQueueCar *W,int n)  //车辆到达
{
    CarNode *p;
    QueueNode *t;
    int a,b;
    p=(CarNode *)malloc(sizeof(CarNode));
    flushall();
    printf("\n 请输入车牌号(七位，例:陕 A12345):\n");
    printf("请严格按照要求输入车牌号，否则系统会出错! \n");
    do{
        a=strlen("陕 A12345");
        b=strlen(gets(p->num));
        fflush(stdin);
        if(a!=b)
        {
            printf("输入车牌号格式错误，请重新输入（七位）!\n");
            gets(p->num);
```

```
            fflush(stdin);
        }
        else break;
        if(a!=b)    printf("输入车牌号格式错误,请重新输入(七位)!\n");
    }while(a!=b);
    if(Enter->top<n)  //车场未满,车进车场
    {
        Enter->top++;
        printf("\n车辆在车场第%d位置.",Enter->top);
        fflush(stdin);
        printf("\n请输入到达时间:/**:**/");
        scanf("%d:%d",&(p->reach.hour),&(p->reach.min));
        fflush(stdin);
        do{
            if(p->reach.hour<0||p->reach.hour>=24||p->reach.min<0||
p->reach.min>=60)
            {
                printf("输入的时间格式有错,请重新输入!");
                scanf("%d:%d",&(p->reach.hour),&(p->reach.min));
                fflush(stdin);
            }
            else  break;
        }while(p->reach.hour<0||p->reach.hour>=24||p->reach.min<0||
p->reach.min>=60);
        Enter->stack[Enter->top]=p;
        return(1);
    }
    else //车场已满,车进便道
    {
        printf("\n请该车在便道稍作等待!\n");
        t=(QueueNode *)malloc(sizeof(QueueNode));
        t->data=p;
        t->next=NULL;
        W->rear->next=t;
        W->rear=t;
        return(1);
    }
}
```

（2）车辆出站功能的实现

首先输入出站车辆在停车场的位置，车辆缴纳停车费用后离开，停车场有空车位，等待的车辆可以进入车场。功能演示如图 11-13 所示。

图 11-13　车辆出站功能演示

```
void Leave(SeqStackCar *Enter,SeqStackCar *Temp,LinkQueueCar *W,int n)
{ //车辆离开
    int room;
    CarNode *p,*t;
    QueueNode *q;
    //判断车场内是否有车
    if(Enter->top>0) //有车
    {
        while(1) //输入离开车辆的信息
        {
            printf("\n请输入要离开的车在车场的位置/1--%d/: ",Enter->top);
            scanf("%d",&room);
            fflush(stdin);
            if(room>=1&&room<=Enter->top) break;
        }
        while(Enter->top>room) //车辆离开
        {
            Temp->top++;
            Temp->stack[Temp->top]=Enter->stack[Enter->top];
            Enter->stack[Enter->top]=NULL;
            Enter->top--;
```

```
    }
    p=Enter->stack[Enter->top];
    Enter->stack[Enter->top]=NULL;
    Enter->top--;
    while(Temp->top>=1)
    {
        Enter->top++;
        Enter->stack[Enter->top]=Temp->stack[Temp->top];
        Temp->stack[Temp->top]=NULL;
        Temp->top--;
    }
    PRINT(p);
    //判断便道上是否有车及车场是否已满
    if((W->head!=W->rear)&&Enter->top<n)  //便道上的车辆进入车场
    {
        q=W->head->next;
        t=q->data;
        Enter->top++;
        printf("\n现在请便道上的车进入车场.该车的车牌号为:");
        puts(t->num);
        printf("\n该车进入车场第%d位置.",Enter->top);
        printf("\n请输入现在的时间(即该车进站的时间)/**:**/:");
        scanf("%d:%d",&(t->reach.hour),&(t->reach.min));
        fflush(stdin);
        do{
            if(t->reach.hour<0||t->reach.hour>=24||t->reach.min<0||
t->reach.min>=60)
            {
                printf("输入的时间格式有错，请重新输入!");
                scanf("%d:%d",&(t->reach.hour),&(t->reach.min));
                fflush(stdin);
            }
            else
                break;
        }while(t->reach.hour<0||t->reach.hour>=24||t->reach.min<0||
t->reach.min>=60);
        W->head->next=q->next;
        if(q==W->rear) W->rear=W->head;
        Enter->stack[Enter->top]=t;
        free(q);
    }
    else printf("\n目前便道里没有车.\n");
}
```

```
    else printf("\n目前车场里没有车，来车请直接进入车场!"); //没车
}
```

11.2.4　其他参考代码

具体参考代码见数字资源。

本章小结

本章介绍了新生报到信息注册系统设计实例和停车场管理系统设计实例，具体包括两个实例的需求分析、知识目标和核心算法，并进行了程序设计和结果验证。通过本章的学习，读者应该能够综合运用线性表、查找、栈、队列等数据结构知识解决实际问题，并提高 C 语言程序综合设计能力。

参考文献

[1] 曾海. 数据结构（第 4 版）. 北京：高等教育出版社，2019.

[2] 胡元义，黑新宏. 数据结构教程. 北京：电子工业出版社. 2018.

[3] 李春葆. 数据结构教程（第 5 版）. 北京：清华大学出版社，2017.

[4] 严蔚敏，李冬梅，吴伟民. 数据结构（C 语言版）. 北京：人民邮电出版社，2015.

[5] 王晓东. 算法设计与分析（第 3 版）. 北京：清华大学出版社，2014.

[6] 邹岚. 数据结构. 大连：大连理工出版社，2014.

[7] 高佳琴. 数据结构（C 语言版）. 北京：高等教育出版社，2014.

[8] 李学刚，刘斌，杨丹等. 数据结构（C 语言描述）. 北京：高等教育出版社，2013.

[9] 邓文华. 数据结构实验与实训（第 3 版）. 北京：清华大学出版社，2013.

[10] 苏士华. 数据结构. 北京：外语教学与研究出版社，2012.

[11] 郝春梅，齐景嘉. 数据结构（C 语言版）. 北京：清华大学出版社，2011.